जल प्रदूषण

जल प्रदूषण

शिवगोपाल मिश्र

ज्ञान गंगा, दिल्ली

इस शृंखला में प्रकाशित पुस्तकें

जल प्रदूषण

वायु प्रदूषण

मृदा प्रदूषण

ध्वनि प्रदूषण

सागर प्रदूषण

प्रकाशक : ज्ञान गंगा, 2/42, अंसारी रोड, दरियागंज, नई दिल्ली-110002
 / संस्करण : 2025 / मूल्य : दो सौ पचास रुपए
मुद्रक : आर-टेक ऑफसेट प्रिंटर्स, दिल्ली ISBN 978-93-82901-75-4

JAL PRADOOSHAN (Water Pollution)
by Dr. Sheo Gopal Mishra ₹ 250.00
Published by **GYAN GANGA**
2/42, Ansari Road, Daryaganj, New Delhi-110002

विषय-सूची

1

विषय-प्रवेश

जल प्रकृति का अनुपम उपहार है। मानव जाति अपने प्रादुर्भाव काल से ही इस उपहार का उपयोग अपने हित के लिए करती आई है। उसने पीने, बरतन-कपड़े धोने, स्नान, सिंचाई आदि में इसका प्रयोग किया। पृथ्वी पर जल का मूल स्रोत तो समुद्री जल की भाप से बने बादलों से होनेवाली वर्षा है। वर्षा का जल नदियों, झीलों और समुद्र में एकत्र होता है। यही जल मिट्टी द्वारा सोखे जाने पर भूमि के नीचे जाकर भौम जल बन जाता है, जिसे कुओं से खींचकर या नलकूपों द्वारा ऊपर लाया जाता है।

जो जल पीने के काम आता है उसे 'पेयजल' कहते हैं। पेयजल को स्वादमय (खनिजों की अल्प मात्रा होने से) और गंधरहित होना चाहिए। पचास वर्ष पूर्व तक हमारी सारी नदियों का जल पेय था, किंतु अब वह गँदला हो गया है। गँदलाने की यह क्रिया दो प्रकार से संभव है—या तो जल में मिट्टी के महीन कण या कार्बनिक पदार्थ मिल जाएँ या फिर उसमें प्रचुर मात्रा में लवण घुले हों। जल में कार्बनिक पदार्थ जैसे विघटनशील पदार्थ होने से बदबू आने लगती है, जबकि लवणों से प्रायः स्वाद बिगड़ जाता है। किंतु जब इन लवणों में भी कुछ भारी धातुएँ अधिक मात्रा में रहती हैं तो ऐसे जल के पीने से नाना प्रकार के रोग हो सकते हैं और सिंचाई करने से भूमि की उर्वरता घट सकती है। इसे जल की विषाक्तता कहते हैं।

वास्तव में जल की गतिशीलता उसे अनेक वस्तुओं को अपने में समेटते चलने और पचाने की शक्ति प्रदान करती है। जल की विलेयता सुप्रसिद्ध है। उसे 'सार्वत्रिक विलायक' कहा गया है—अर्थात् वह न जाने कितनी वस्तुओं को विलयित करके आत्मसात् करता है। इन्हीं दोनों गुणों, गतिशीलता तथा विलेयता के कारण जल दूषित हुआ है, गँदलाया है और आज इसी को लेकर विश्व-भर में इतना हो-हल्ला हो रहा है। इसी को 'जल प्रदूषण' नाम दिया जाता है।

जल प्रदूषण विज्ञान कोई नया नहीं है। प्रकृति-प्रदत्त तीन उपहारों—भूमि, वायु तथा जल—में से जल के प्रदूषित होने के कारणों को जानना, प्रदूषित जल के उपयोग से होनेवाली हानियों का पता लगाना तथा जल प्रदूषण से बचाव के उपाय खोजना, प्रमुख रूप से, इसके कार्य हैं।

यदि जल स्वास्थ्य पर बुरा प्रभाव डाले, यदि वह विषाक्तता उत्पन्न करे तो वह जल नहीं, विष है। आज अधिकांश जलाशयों, नदियों तथा झीलों का जल विषैला हो चुका है। इसका सारा दोष उद्योग-धंधों से निकलनेवाले उन ठोस तथा द्रव अपशिष्टों को दिया जाता है जो जलागारों में बहाए जाते हैं। किंतु यह दोष मानव जाति की प्रगति एवं जनसंख्या की वृद्धि के फलस्वरूप जल को अधिकाधिक प्रयोग करने के कारण उत्पन्न हुआ है। जल प्रदूषण की समस्या सभी राष्ट्रों के सामने है; किंतु कहीं पर यह प्रदूषण कम हुआ है, कहीं अधिक।

मानवकृत प्रदूषण ही तथाकथित प्रदूषण है अन्यथा प्राकृतिक प्रदूषण तो सदा से होता रहा है और वह सह्य भी है। जब हम प्रदूषण-रहित जल-स्रोतों की बात करते हैं तब हमारा तात्पर्य औद्योगिक या जनसंख्या के भार से उत्पन्न होनेवाली स्थिति से पहले की स्थिति का सूचक होता है। यदि वायु शुद्ध या प्रदूषणरहित थी, यदि जल शुद्ध या प्रदूषणरहित था तो इसका अर्थ यह नहीं है कि उसमें रंचमात्र भी अशुद्धियाँ नहीं थीं। अशुद्धियाँ तब भी थीं, प्रदूषण भी था; किंतु नगण्य था। उस समय प्रदूषण के लिए जिम्मेदार कारक वे न थे, जो अब हैं।

पहले प्राकृतिक कारणों से जल में मिट्टी के कण, कुछ कार्बनिक पदार्थ, कुछ लवण मिल जाते थे। नदियों में रहनेवाले जीव-जंतु इन पदार्थों का उपयोग करके जल की सफाई कर देते थे। जल-स्रोतों के साथ छेड़छाड़ कम थी। किंतु औद्योगिक क्रांति के बाद विभिन्न उद्योगों में जल का प्रयोग बढ़ा है और उससे जल दूषित हुआ है। जल को जितनी अधिक बार प्रयोग में लाया जाएगा, वह उतना ही दूषित होगा। उसमें नई-नई वस्तुएँ घुलती-मिलती रहेंगी; जिसके कारण उसका मूल स्वरूप बदल जाता है और वह दूषित हो जाता है।

यदि कहीं उद्योग-धंधों का सारा अपशिष्ट जलाशयों में न गिराकर भूमि पर बहने या बिखरने दिया जाए तो भूमि क्रमशः प्रदूषित होती रहेगी और अंत में वह भौम जल को भी प्रदूषित कर देगी। प्राकृतिक छन्ना कहलानेवाली भूमि भी प्रदूषित हो जाएगी।

जनसंख्या बढ़ने से और शहरीकरण के फलस्वरूप मनुष्य के मल-

निपटान की समस्या ने उग्र रूप धारण कर लिया है। इस मल को प्रायः जल के साथ नदियों में या निकटवर्ती समुद्र में बहा दिया जाता है। इससे भी जल में प्रदूषण उत्पन्न होता है। जल में दुर्गंध तो आती ही है, अनेक रोगाणुओं का भी उसमें प्रवेश होता है, जिससे जल पीने योग्य नहीं रहता।

इसी तरह समुद्र में तेलवाही जहाजों से तेल रिसता रहता है। कभी-कभी दुर्घटनाग्रस्त होने पर जहाज में लदा तेल समुद्र में फैल जाता है। यदि इस तेल में अग्नि लग जाए तो इससे प्रचुर उष्मा उत्पन्न होती है और इस तरह समुद्री वनस्पति तथा जीव-जंतुओं को अपार क्षति पहुँचती है।

कहने का तात्पर्य यह है कि आज जल के अधिकांश स्रोत न्यूनाधिक रूप से प्रदूषित हो चुके हैं; किंतु नदियों की स्थिति अत्यंत शोचनीय है। गंगा तथा यमुना जैसी बड़ी-बड़ी नदियाँ अपना मूल स्वरूप खो चुकी हैं।

'श्रीमद्भागवत' में कथा आती है कि नागराज वासुकि के रहने से वृंदावन में यमुना का जल विषाक्त हो उठा था, जिसे पीकर ग्वाल-बाल तथा बछड़े मर गए थे। इसीलिए कृष्ण ने नागराज को दंड दिया था। किंतु आज यमुना का जल किसी नागराज द्वारा नहीं, अपितु प्रदूषण द्वारा विषाक्त बन रहा है। सचमुच प्रदूषण को नागराज की संज्ञा प्रदान की जा सकती है। यमुना या किसी नदी के जल की विषाक्तता उद्योग-धंधों के अपशिष्टों तथा बड़े-बड़े शहरों के मल-जल के नदी-जल में मिलने से आई है। जो गंगा अत्यंत स्वच्छ एवं पवित्र नदी मानी जाती थी, आज वह सबसे अधिक प्रदूषित है। देश की अधिकांश नदियों के साथ ऐसा ही हुआ है।

इस स्थिति में एकमात्र विकल्प यही बचता है कि भौम जल को निकालकर काम में लाया जाए। किंतु एक तो भौम जल की मात्रा सीमित है और दूसरे, भौम जल भी अब प्रदूषित हो रहा है। कृषि में उर्वरकों के प्रयोग से भौम जल में नाइट्रेट का प्रवेश हो रहा है। उद्योग-धंधों से निकली भारी धातुएँ भी भौम जल में जा मिली हैं। ऐसी स्थिति में मानव अस्तित्व एक प्रश्नचिह्न बनकर रह गया है। जल ही जीवन है; परंतु जल विषाक्त हो चुका है। इसलिए यह परमावश्यक हो जाता है कि हम सभी मिलकर जल प्रदूषण को दूर करने की दिशा में गतिशील हों; अन्यथा मानव का विनाश निश्चित है। हम जल प्रदूषण को रोकने में तभी सक्षम हो सकते हैं जब जल प्रदूषण के विविध पहलुओं को भलीभाँति समझ लें। तो आइए, अगले अध्यायों का अवलोकन करें।

2

प्रकृति का उपहार : जल

जल वह प्राकृतिक उपहार है जिसका कोई विकल्प नहीं है, इसीलिए जल को अमृत या जीवन भी कहा गया है। हमारे शरीर में 70 प्रतिशत, सब्जियों में 95 प्रतिशत और मांस में 60 प्रतिशत जल पाया जाता है।

मनुष्य को जिस वस्तु की सबसे अधिक आवश्यकता पड़ती है, वह जल ही है और उसमें भी ताजा या मीठा जल। यह ताजा या मीठा जल ही पेय-जल है। जल की आवश्यकतापूर्ति करने के उद्देश्य से ही मनुष्य प्रारंभ से नदियों के किनारे निवास करता आया है। आज भी गंगा नदी के किनारे हमारे देश की एक-तिहाई जनसंख्या निवास करती है। जनसंख्या की वृद्धि के साथ ही जल की आवश्यकता पीने तक ही सीमित न रहकर अन्य अनेक कार्यों के लिए होने लगी है। इस तरह, अब जल का उपयोग पीने, घरेलू कार्यों, खेतों की सिंचाई, उद्योगों, नौका-चालन, मनोरंजन आदि विभिन्न कार्यों के लिए होने लगा है।

पृथ्वी की सतह के 5/7 (यानी 70 प्रतिशत) भाग में जल फैला है, जो कहीं पर उथला है तो कहीं पर पाँच से तेरह किलोमीटर तक गहरा है। यह सारा जल तरल रूप में नहीं है। पृथ्वी के जल का कुछ अंश बर्फ के रूप में बंदी है तो कुछ वाष्प के रूप में है जो वायुमंडल में उपस्थित रहता है; किंतु उसकी मात्रा नगण्य है। मिट्टी में भी जल विद्यमान है।

अगले पृष्ठ पर दर्शाई गई सारणी से स्पष्ट होता है कि जल का अधिकांश (97.25 प्रतिशत) सागर में है, जो पीने के अयोग्य है, क्योंकि खारी है। जल की पूरी मात्रा में से ताजा या पेयजल का अंश बहुत कम है—केवल 2.8 प्रतिशत जिसमें से 2.2 प्रतिशत पृथ्वी की सतह पर है और शेष 0.6 प्रतिशत पृथ्वी के भीतर—भौम जल के रूप में है। इतना ही नहीं, पृथ्वी की सतह पर जितना जल है (2.2 प्रतिशत) उसमें से 2.15 प्रतिशत ताजा जल ग्लेशियरों और हिमटोपियों के रूप में है। केवल 0.010 प्रतिशत जल झीलों

तथा नदियों में है। पृथ्वी के नीचे जितना जल है (0.6 प्रतिशत) उसमें से केवल 0.25 प्रतिशत ही निकालकर ऊपर लाया जा सकता है। कैसी विडंबना है कि 'जल बिच मीन पियासी'—जल की अनंत राशि होते हुए भी मनुष्य के उपयोग के लिए जो जल उपलब्ध है, उसकी मात्रा सीमित है। यदि वह दूषित हो जाए तो फिर हमारे सारे कार्य रुक जाएँगे। इसीलिए जल हमारी चिंता का विषय है।

पृथ्वी की सतह पर जल की मात्रा*

(कुल मात्रा का प्रतिशत)

सागर	97.25
बर्फ	2.05
भौम जल	0.68
झीलें	0.01
मृदा नमी	0.005
वायुमंडल	0.001
नदियाँ	0.0001
जैव मंडल	0.00004
कुल योग	100.00

जल का रासायनिक सूत्र H_2O है जिसका अर्थ है (परिशिष्ट में जल के अन्य गुण दिए गए हैं) हाइड्रोजन तथा ऑक्सीजन के संयोग से बना हुआ एक यौगिक। किंतु पृथ्वी पर जो जल उपलब्ध है, वह H_2O नहीं है। उसमें अनेक पदार्थ विलयित रहते हैं और अनेक कणिकामय पदार्थ निलंबित रहते हैं। पृथ्वी की सतह पर पाया जानेवाला जल सभी प्रकार के अकार्बनिक तथा कार्बनिक पदार्थों का वाहक है और जल की गति के कारण इन पदार्थों का उसके साथ-साथ परिवहन होता रहता है।

जल के विविध प्रकार

सामान्यतया जल का असली रूप **वर्षा-जल** है किंतु बाद में वह **समुद्री**

* *स्रोत*—एनसाइक्लोपीडिया ब्रिटैनिका, 1990, पृष्ठ 715।

जल, नदी जल, भौम जल जैसे नामों से पुकारा जाता है। उपयोग के अनुसार उसे **पेय** तथा **व्यर्थ जल** कहते हैं।

वर्षा-जल—वर्षा-जल शुद्ध जल नहीं होता क्योंकि उसमें गैसें, लवण, कणिकामय पदार्थ, कार्बनिक पदार्थ; यहाँ तक कि जीवाणु भी मिले रहते हैं। वर्षा-जल का संघटन इस प्रकार बतलाया गया है (अंश/दश लक्षांश या पी. पी. एम.)—$Na^{+} = 1.98$, $K^{+} = 0.30$, $Mg^{++} = 0.27$, $Ca^{++} = 0.09$, $Cl^{-} = 3.79$, $SO_4^{--} = 0.58$, $HCO_3^{-} = 0.12$। इसके अतिरिक्त वर्षा-जल में थोड़ा सिलिका (0.3 पी. पी. एम.) रहता है। वर्षा-जल का औसत पीएच मान 5.7 होता है। नदियों के जल में जितना सोडियम, पोटैशियम, क्लोरीन तथा सल्फेट होता है उसका 35 प्रतिशत Na, 55 प्रतिशत Cl, 15 प्रतिशत K तथा 37 प्रतिशत सल्फेट समुद्र के माध्यम से ही वर्षा द्वारा प्राप्त होता है।

समुद्री जल— समुद्री जल में घुलित लवणों का प्रतिशत 3.5 है, इसका घनत्व 2.75 ग्रा./सेमी^{3} है और इसमें 92 तत्त्व पाए गए हैं—जिनमें से ऑक्सीजन, सल्फर, क्लोरीन, सोडियम, मैग्नीशियम, कैल्सियम, पोटैशियम तथा कार्बन–इन आठ तत्त्वों का 99 प्रतिशत योगदान है।

नदी तथा झील का जल—जल तथा शैलों की परस्पर क्रियाओं से नदियों तथा झीलों के जल का संघटन प्रभावित होता है। औद्योगिक कार्य-कलापों से वायुमंडल में प्रचुर कार्बन डाइऑक्साइड, सल्फर डाइऑक्साइड तथा नाइट्रोजन के ऑक्साइड मिलते रहते हैं, जिससे ये गैसें वर्षा-जल में प्रविष्ट होकर उसके गुणों में परिवर्तन ला देती हैं। यह वर्षा-जल जब मिट्टी में मिलता है तब इसमें लवणों की मात्रा बढ़ जाती है।

नदी के जल में विलयित पदार्थों के अतिरिक्त निलंबित ठोस पदार्थ भी रहते हैं। इस समय नदियों द्वारा समुद्रों में प्रति वर्ष 155×10^8 टन ठोस पदार्थ पहुँचते हैं। इन ठोस पदार्थों का संघटन प्रायः मिट्टी जैसा होता है। इसी तरह प्रतिवर्ष नदियों द्वारा समुद्र में 180×10^6 टन कार्बनिक पदार्थ पहुँचते हैं।

समुद्री जल तथा नदी के जल में लवणों की मात्रा में काफी अंतर पाया जाता है। नदी के जल में इनकी मात्रा 0.012 प्रतिशत रहती है; जबकि समुद्र के जल में यही मात्रा 3.5 प्रतिशत है।

झीलें प्रायः मीठे जल की स्रोत हैं। नदियाँ भी मीठे जलवाली हैं।

भौम जल—जब वर्षा-जल भूमि की परतों को बेधकर नीचे पहुँचता है तो उसमें अनेक प्रक्रमों से कैल्सियम, सोडियम, मैग्नीशियम, पोटैशियम, एल्युमिनियम तथा लौह जैसे तत्त्वों के लवण मिल जाते हैं। मिट्टी में डाले गए उर्वरकों (नाइट्रोजनी तथा फास्फेटी) तथा पेस्टीसाइडों का कुछ अंश भी रिसकर इस जल में मिल जाता है जिससे यह संदूषित होने लगता है।

व्यावहारिक दृष्टि से जल को **तीन** प्रकारों में विभाजित किया जाता है—

1. स्वच्छ जल,
2. प्रदूषित जल,
3. संदूषित जल।

स्वच्छ जल (Clean water)—यह जल सभी प्रकार के संदूषणों से मुक्त होता है, अतः मनुष्य के लिए उपयोगी है।

प्रदूषित जल (Polluted water)—प्रदूषित जल वह होता है जिसके भौतिक गुणों में कमी आ जाती है। यह मटमैला, बदरंग, दुर्गंधयुक्त तथा बुरे स्वाद़वाला होता है।

संदूषित जल (Contaminated water)—वह जल होता है जिसमें मानव या पशु अपशिष्टों के मिल जाने से रोगोत्पादकता उत्पन्न हो जाती है; जिससे जल व्यवहार में लाने लायक नहीं रह जाता।

पेयजल का अभाव

चूँकि 85 प्रतिशत वर्षा समुद्र के ऊपर होती है, इसलिए नदियों तथा झीलों में जितना जल है वह पीने के लिए बहुत कम है। अनुमान है कि प्रति 50,000 ग्राम समुद्री जल पर 1 ग्राम शुद्ध जल मनुष्य के लिए उपलब्ध है। इसीलिए जल अमूल्य सामग्री है। रेगिस्तानी भागों में तो जल की महत्ता और भी अधिक है।

अनुमान है कि 1 पौंड कागज उत्पादन के लिए 24 गैलन, 1 टन इस्पात के लिए 70 गैलन और 1 टन सीमेंट उत्पादन के लिए 750 गैलन जल की आवश्यकता पड़ती है।

एक बार काम में आने के बाद यह जल प्रदूषित हो जाता है और व्यर्थ जल बन जाता है। यह व्यर्थ जल नालों के द्वारा या तो भूमि पर या फिर

नदियों, झीलों या समुद्र में बहा दिया जाता है। ऐसा जल न तो मनुष्य द्वारा उपयोग में लाया जा सकता है, न ही पौधे और पशु ही इससे लाभ उठा सकते हैं।

स्वच्छ जल की कमी होने से हमारे देश की 80 प्रतिशत जनता नदियों, झीलों तथा कुओं का प्रदूषित जल पीने को बाध्य है, जिससे प्रतिवर्ष 20 लाख लोग मृत्यु के शिकार बनते हैं।

सचमुच प्रकृति के अनुपम एवं अमूल्य उपहार जल को सँजोकर रखने की आवश्यकता है।

3

जल प्रदूषण और मुख्य प्रदूषक

जब स्वच्छ जल के स्रोतों में ऐसे विलयित या निलंबित बाह्य पदार्थ मिल जाते हैं जो उसके गुणों में परिवर्तन लाकर उसे इस्तेमाल करनेवालों या उससे लाभान्वित होनेवालों के लिए हानिकर बना देते हैं तो वह 'जल प्रदूषण' कहलाता है। ऐसा जल प्रदूषित जल कहलाता है।

निरंतर बहनेवाली नदियों में शहरी कूड़ा-करकट या मल-जल का लगातार मिलते रहना; जलाशयों, झीलों आदि में आसपास से गंदगी का लगातार मिलते जाना; भौम-जल में बाह्य वस्तुओं का एकत्र होना; समुद्र में नदियों द्वारा लाई गई गंदगी या समुद्र में चलनेवाले टैंकरों से तेल रिसना या फिर समुद्र-तट पर स्थित विविध उद्योगों से निकले व्यर्थ पदार्थों (अपशिष्टों) का डाला जाना या समुद्र के गर्त में जान-बूझकर नाभिकीय अपशिष्टों का निमज्जन करने से बहते या स्थिर जल के प्राकृतिक संतुलन में गड़बड़ी का आ जाना—असंतुलन उत्पन्न होना अथवा पारिस्थितिकी तंत्र का बिगड़ जाना ही जल प्रदूषण है।

जल प्रदूषण की अन्य परिभाषाएँ भी मिलती हैं; जैसे—"जल में अधिक पदार्थ (या उष्मा) का मिलाया जाना जो मनुष्यों, पशुओं तथा जलीय जीवों के लिए हानिकर हो।"

"वह जल दूषित है जो वर्तमान या भविष्य में हमारी आकांक्षाओं के अनुरूप सर्वोच्च उपयोगों के लिए पर्याप्त गुणवत्ता न रह जाने से अनुपयुक्त हो जाए।"

जल प्रदूषण के स्रोत

चाहे भू-पृष्ठीय जल हो या भौम-जल, वह मुख्यतया दो स्रोतों से प्रदूषित होता है। ये हैं—

(1) बिंदु स्रोत (Point source),

(2) विस्तृत स्रोत (Non-point source)।

जब म्यूनिसिपल तथा औद्योगिक व्यर्थ जल किसी जल समुदाय में मिलता है, चाहे वह सीधे जल समुदाय में मिले या उपचार के बाद मिले, तो यह **बिंदु स्रोत प्रदूषण** का उदाहरण है। ऐसे प्रदूषण को रोकना आसान है क्योंकि इसके भौतिक-रासायनिक गुण ज्ञात किए जा सकते हैं। वस्तुतः जिन वस्तुओं की उपस्थिति (प्रदूषक) से प्रदूषण होता है, वे हैं—भारी धातुएँ कार्बनिक पदार्थ, रोगजनक सूक्ष्मजीव, विषैले कार्बनिक यौगिक, उष्मा (ताप), प्रबल अम्ल तथा क्षार। ग्रामीण क्षेत्रों (कृषीय) तथा शहरी क्षेत्रों का वाही जल (तूफानी जल) सीमित क्षेत्र से नहीं अपितु विशाल क्षेत्र से प्रदूषकों को लाकर अपने में मिलाता रहता है, वह **विस्तृत स्रोत प्रदूषण** कहलाता है। इसमें मृदा-क्षरण से प्राप्त ठोस (अवसाद), उर्वरक तथा पेस्टीसाइड (कृषीय प्रदूषण के उत्पाद) मुख्य प्रदूषक होते हैं। इस तरह के प्रदूषण पर नियंत्रण कर पाना कठिन है।

प्रदूषक

प्रदूषण के लिए जिम्मेदार पदार्थ **प्रदूषक** कहलाता है। कोई भी ऐसी वस्तु जो जाने या अनजाने पर्यावरण में इतनी मात्रा में छोड़ी जाती है कि पर्यावरणीय स्वास्थ्य पर बुरा प्रभाव पंड़े, प्रदूषक कहलाती है। इसे ही हम **गंदगी** कहते आए हैं।

भारतीय पर्यावरण ऐक्ट (1986) के अनुसार, "कोई ठोस, द्रव या गैसीय पदार्थ, जो इतनी सांद्रता में उपस्थित हो कि पर्यावरण के लिए हानिकारक हो जाए, प्रदूषक कहलाता है।"

ये प्रदूषक प्राकृतिक पारिस्थितिकी तंत्र द्वारा कृषि तथा उद्योग के फलस्वरूप (मानवीय कार्य-कलापों द्वारा) उत्पन्न होते हैं। प्रकृति अपने प्रदूषकों को पुनर्चक्रित करके उन्हें लाभप्रद बना लेती है; किंतु मनुष्य द्वारा उत्पन्न किए गए प्रदूषकों का पुनर्चक्रण कठिन है जिससे प्रदूषण में लगातार वृद्धि होती जाती है। ऐसे प्रदूषक अत्यंत घातक बन जाते हैं। जल को प्रदूषित करनेवाले उद्योगों की बहुत बड़ी संख्या है। सारणी 3.1 में ऐसे उद्योगों के नाम तथा उनकी संख्याएँ दी हुई हैं।

सारणी 3.1

जल प्रदूषणकारी उद्योग

क्र.	उद्योग	संख्या
1.	चीनी	292
2.	अलकोहल	115
3.	कास्टिक सोडा	33
4.	उर्वरक	86
5.	तेल-वेधन व शोधन	19
6.	कृत्रिम धागे	28
7.	समस्त कपड़ा	968
8.	कागज और लुगदी	189
9.	ओषधि	288
10.	कीटनाशक	61
11.	पेट्रो एवं कार्बनिक रसायन	214
12.	दुग्ध उत्पाद	107
13.	ताप ऊर्जा संयंत्र	123
14.	खाद्य तेल और वनस्पति	287
15.	कृत्रिम रंग	28
16.	लौह और अलौह	113
17.	चर्म	143
18.	अकार्बनिक रसायन	319
19.	सीमेंट	107
20.	खान	5,097
21.	रबर और उसके उत्पाद	209
22.	खाद्य और फल	109
23.	आयरन और स्टील	525
24.	ढलाई कारखाना	609
25.	वाहन डिपो और गैरेज	800
26.	आणविक	35

प्रदूषकों की **चार** कोटियाँ हैं—

(1) हानिरहित पदार्थ, जिन्हें छानकर या अन्य विधियों से विलग किया जा सकता है।

(2) विषैले पदार्थ, जिनका दीर्घकालीन प्रभाव पड़ता है; यथा—लेड, कैडमियम धातुएँ।

(3) जल की ऑक्सीजन माँग को प्रभावित करनेवाले पदार्थ; यथा—मल-जल (सीवेज)।

(4) अकार्बनिक प्रदूषक; यथा—विलयित या अविलेय पदार्थ जिनसे जल की लवणता बढ़ती हो।

फर्गुसन ने जल प्रदूषकों की **सात** श्रेणियों का उल्लेख किया है, जिनमें से प्रथम चार ही प्रमुख हैं।

क्र.	प्रदूषक	स्रोत	प्रभाव
1.	ऑक्सीजन माँगवाला मल-जल (सीवेज)	शहरी पर्यावरण, घरेलू और औद्योगिक खाद्य संसाधन, व्यापारिक	जल में ऑक्सीजन स्तर में ह्रास, जल गुणवत्ता में ह्रास, सुपोषण को जन्म
2.	रोग उत्पादक, रासायनिक कैंसरजन, पैथोजन	शहरी पर्यावरण, अनियंत्रित व्यर्थ सीवेज	स्वास्थ्य
3.	कार्बनिक रसायन, पेट्रोलियम अपशिष्ट तथा डिटरजेंट	शहरी पर्यावरण, कृषि, तेल का छलकना, सीवेज	स्वास्थ्य पर, जलीय जीवों पर। सुपोषण को जन्म
4.	अकार्बनिक रसायन तथा खनिज, सूक्ष्म मात्रिक तत्त्व, अम्ल-क्षार	शहरी पर्यावरण, खनन, उद्योग, कूड़ा-कचरा	स्वास्थ्य पर, धातु संचालन पर, जल गुणवत्ता पर, जलीय जीवों पर

क्र.	प्रदूषक	स्रोत	प्रभाव
5.	अवसाद	वायु, ठोस अपशिष्ट	जल गुणवत्ता पर, जलीय जीवन पर, वन्य-जीवन पर, बाँधों के जीवन पर
6.	रेडियो न्यूक्लाइड	नाभिकीय शक्ति स्टेशन, विस्फोट, उत्खनन	स्वास्थ्य पर
7.	उष्मा	शक्ति स्टेशन	जलीय जीवों पर

व्यर्थ जल या अपशिष्ट जल

जैसा कि कहा जा चुका है, जल में अत्यधिक विलायक शक्ति है, अतः विभिन्न घरेलू कार्यों में प्रयुक्त होने के बाद स्वच्छ अथवा पेयजल अन्य कार्यों के लिए उपयोगी नहीं रह जाता। इसे ही **व्यर्थ जल** कहते हैं। इसी तरह उद्योगों में भी जल प्रदूषित हो जाता है। यह भी व्यर्थ जल है; किंतु प्रायः ऐसे जल को **अपशिष्ट जल** या **औद्योगिक अपशिष्ट** या **औद्योगिक बहिःस्राव** कहा जाता है।

पिटर (1972) ने व्यर्थ जल की 10 कोटियाँ बताई हैं जिनमें जल के पीएच, निलंबित पदार्थों, विघटनीय पदार्थों, विषैले पदार्थों, रोगाणुओं, उर्वर-तत्त्वों, उष्मा तथा स्वाद-गंध को ध्यान में रखा जाता है।

क्र.	कोटि	टिप्पणी
1.	अत्यधिक अम्लीय या क्षारीय	अम्ल तथा क्षार की उच्च सांद्रता
2.	अत्यधिक खनिजीकरण	उद्योग या कृषि में उपयोग के लिए अयोग्य
3.	निलंबित पदार्थों की उच्च मात्रा	मछलियों के लिए हानिकारक
4.	ऑक्सीजन निवेश को प्रभावित करनेवाले पदार्थ से युक्त	तेल, ग्रीज आदि
5.	विघटनीय पदार्थ की उच्च मात्रा से युक्त (बी.ओ.डी.)	घरेलू मल-जल, ऑक्सीजन की कमी से मछलियाँ मरती हैं

क्र.	कोटि	टिप्पणी
6.	संवेदी गुणों से युक्त	तेल, क्लोरफेनाल, विलायक
7.	विषैले पदार्थों से युक्त	भारी धातुएँ, पेस्टीसाइड, नाइट्रोजनी पदार्थ, रेडियोएक्टिव पदार्थ
8.	रोगजनक कीटाणुओं से युक्त	शौचालयों का जल तथा चमड़ा कमाने की फैक्टरियों का बहिःस्राव
9.	नाइट्रोजन तथा फास्फोरस के यौगिकों से युक्त	उर्वरक, डिटरजेंट, सुपोषण-प्रभाव
10.	गरम जल	उष्मीय प्रदूषण, ऑक्सीजन की मात्रा में कमी, आत्म-शोधन की क्रिया में गिरावट

उपर्युक्त वर्गीकरण घटकों के आधार पर किया गया है।

मल-जल

वह जल जिसमें मल मिला हो मल-जल कहलाता है। यह मल मनुष्यों तथा पशुओं का हो सकता है। वस्तुतः मल के साथ मूत्र भी मिला रहता है। शहरों के गंदे नालों का पानी मल-जल का सर्वोत्तम उदाहरण है। इसे **वाहित मल-जल** कहते हैं।

वाहित मल-जल में मुख्य अंश जल का होता है। इसमें केवल 0.1 प्रतिशत ठोस पदार्थ रहते हैं। इसमें विभिन्न खनिजों के मिश्रण, कार्बनिक तथा अकार्बनिक पदार्थ एवं छोटे-बड़े कण रहते हैं। आजकल मानव मल के निपटान की नवीन विधियाँ ईजाद हो जाने से गंदे नालों में घरेलू व्यर्थ पदार्थ बहते हैं, जबकि सीवर लाइनों से मल-मूत्र को बड़े-बड़े संयंत्रों में ले जाकर उपचारित किया जाता है। इसमें से ठोस अंश को, जिसे **अवमल** या **स्लज** कहते हैं, विलग कर लिया जाता है और तरल अंश को खेतों में सिंचाई के लिए अथवा जलाशयों में एकत्र होने के लिए या शहर से दूर स्थित व्यर्थ या बंजर भूमि में यों ही बहा दिया जाता है।

यह मल-जल एक प्रकार से तरल खाद है क्योंकि इसमें नाइट्रोजन, फास्फोरस तथा पोटैशियम उपस्थित होने से उर्वरक या खाद जैसे हीं गुण पाए जाते हैं। घरेलू वाहित मल-जल में 15-30 पी.पी.एम. नाइट्रोजन, 10-20 पी.पी.एम. पोटाश, 4-6 पी.पी.एम. फास्फोरिक अम्ल तथा 400 पी.पी.एम. कार्बनिक पदार्थ रहता है। नगरों से प्राप्त होनेवाले मल-जल में फास्फेट तथा अन्य लवणों के अतिरिक्त बोरेट तथा डिटरजेंट की प्रचुर मात्रा रहती है। इनमें से कुछ तत्त्व पौधों की वृद्धि के लिए हानिकारक होते हैं।

यदि इस मल-जल को किसी बहती जल-धारा में; यथा—नदी में, छोड़ दिया जाता है या झील अथवा समुद्र में प्रवाहित होने दिया जाता है तो यह जल प्रदूषण का मुख्य कारण (प्रदूषक) बनता है। जल-स्रोत को प्रदूषित बनाने में मल-जल की बहुत बड़ी भूमिका है। ऐसे दूषित जल से अनेक रोगों के फैलने की संभावना रहती है। ऐसा जल **संदूषित जल** कहलाता है। चाहे मल-जल हो या संदूषित जल-स्रोत, वह पीने अथवा अन्य मानव उपयोग के लिए व्यर्थ है। हाँ, सिंचाई के लिए ऐसा जल उपयुक्त हो सकता है। कहीं-कहीं जलाभाव के कारण तथा जहाँ अत्यधिक शुद्ध जल की आवश्यकता नहीं होती, मल-जल को उपचार के बाद पुनर्चक्रित किया जा सकता है।

वाहित मल-जल की विषाक्तता घटाने के लिए सेप्टिक टैंक विधि, अंतःस्राव विधि तथा उत्प्रेरित अवमल विधि का प्रयोग किया जाता है। उत्प्रेरित विधि से निथरा जल प्राप्त होता है जो सामान्य जल की तरह स्वच्छ रहता है किंतु उसमें नाइट्रेट की मात्रा अधिक रहती है।

मल-जल के दुर्गुण—मल-जल को जल-प्रदूषक इसलिए कहा जाता है क्योंकि—

(1) इससे दुर्गंध आती रहती है।

(2) अपनी गंध, स्वाद तथा रंग के कारण यह घरेलू कार्यों के अयोग्य होता है।

(3) इससे जल की ऑक्सीजन चुकने लगती है जिससे मछलियाँ तथा अन्य जल-जीव प्रभावित होते हैं।

(4) प्रदूषित जल-स्रोत की सतह पर पपड़ी जम जाने से मनोरंजन कार्यों; यथा—नाव चलाने में बाधा पड़ती है।

यदि नदी में छोड़े गए मल-जल की मात्रा कम रहती है तो प्रदूषण सामान्य

कोटि का होता है क्योंकि कार्बनिक अपशिष्ट का विघटन शीघ्र ही हो जाता है। किंतु सांद्र मल-जल या अधिक ऑक्सीजन माँगवाले अपशिष्ट, जो कि उद्योग तथा कृषि से प्राप्त होते हैं, जल की विलयित ऑक्सीजन को समाप्त कर देते हैं। इस तरह ऑक्सीजन चुकने पर **सेप्टिक अवस्था** उत्पन्न होती है।

जल में विलयित ऑक्सीजन (DO = Dissolved Oxygen) को कभी भी 5.0 मिग्रा/लीटर (68° F) से कम नहीं होना चाहिए। वास्तव में ऑक्सीजन से संतृप्त जल का DO स्तर 9.2 मिग्रा/लीटर बतलाया गया है।

यदि कार्बनिक पदार्थों के विघटन हेतु ऑक्सीजन के बजाय किसी प्रबल ऑक्सीकारक का प्रयोग किया जाए (जैसे पोटैशियम परमैंगनेट या पोटैशियम डाइक्रोमेट) तो इससे प्राप्त किया गया मान रासायनिक ऑक्सीजन माँग (COD) कहलाता है। सूक्ष्म जीवाणुओं की क्रिया से कार्बनिक पदार्थों के विघटन हेतु जितनी ऑक्सीजन चाहिए वह जैव ऑक्सीजन माँग (BOD) कहलाती है। स्मरण रहे कि COD का मान BOD से सदैव ऊँचा होता है।

ध्यान देने की बात है कि BOD एक माप है, प्रदूषक नहीं। यह किसी विशेष वस्तु की भी माप नहीं अपितु सूक्ष्मजीवों द्वारा उपभोग किए जानेवाले पदार्थ हेतु ऑक्सीजन का उपभोग है।

20° सें. ताप पर 5 दिनों तक विघटन होने के बाद जो मान प्राप्त होता है वह BOD कहलाता है। यह सूचकांक है। यह जीवाणुओं द्वारा कार्बनिक तथा अकार्बनिक पदार्थों के विघटन का सूचक है। यह मान 5 दिवसीय BOD (या BOD_5) कहलाता है और मिग्रा. ऑक्सीजन/लीटर जल के रूप में व्यक्त किया जाता है। BOD का सामान्य स्तर 0.75-1.5 मिग्रा/ली. है जबकि कई सौ मिग्रा/ली. का अर्थ है प्रबल मल-जल की उपस्थिति।

कागज तथा वस्त्र उद्योगों से निकलनेवाले बहिःस्रावों में सेल्यूलोस की मात्रा अधिक रहती है, इसलिए COD मान BOD मान से अधिक रहते हैं; जबकि आसव/मदिरा परिशोधकों के अपशिष्टों का BOD उनके COD मान से अधिक होता है। नीचे कुछ BOD मान दिए जा रहे हैं—

शुद्ध जल	0
ताजा प्राकृतिक जल	2–5
घरेलू मल-जल	कई सौ
उपचार के बाद मल-जल	10–20

नदी की स्वतः शोधन क्षमता बताने के लिए BOD महत्त्वपूर्ण मानक है। BOD का न्यून मान बताता है कि जल में मछलियाँ तथा अन्य जीव घट रहे हैं। हाँ, कुछ अवायुजीवी जीवाणुओं की वृद्धि होने लगती है। किंतु किसी भी अवस्था में BOD से कार्बनिक पदार्थ की मात्रा, टाक्सिनों की उपस्थिति का सही-सही अनुमान नहीं लगाया जा सकता।

भारी धातुएँ

प्रायः औद्योगिक प्रदूषण के लिए सबसे अधिक जिम्मेदार प्रदूषकों में भारी धातुएँ अग्रणी हैं।

संयुक्त राज्य की पर्यावरण सुरक्षा एजेंसी (EPA) ने अपने दस्तावेज में कुल छः धातुओं को भारी माना है। ये हैं—कैडमियम (Cd), क्रोमियम (Cr), कॉपर (Cu), लेड (Pb), मरकरी (Hg) तथा निकेल (Ni); किंतु पर्यावरण इंजीनियर की हैंडबुक (Environment's Handbook) में केवल **पाँच** धातुओं को भारी माना गया है। ये हैं—एल्युमिनियम (Al), क्रोमियम (Cr), कॉपर (Cu), आयरन (Fe) तथा जिंक (Zn)। किंतु 5 या इससे अधिक घनत्ववाली धातुओं को भारी धातुएँ कहने का प्रचलन है। परमाणु क्रमांक 20 से अधिक क्रमांकवाले सारे तत्त्व (क्षारीय, क्षारीय मृदा, लैंथनाइड तथा ऐक्टिनाइड तत्त्वों को छोड़कर) भारी धातु कहलाते हैं। ये सारे तत्त्व अत्यंत विषैले होते हैं। ये अत्यल्प मात्रा में उपस्थित रहते हैं, अतः लेश तत्त्व कहलाते हैं। कुछेक भारी धातुएँ स्वास्थ्यप्रद भी होती हैं। विषाक्तता निश्चित करने का कोई स्वीकृत मानदंड नहीं है। कुछ भारी धातुओं की सूची इस प्रकार है—आर्सेनिक (As), बेरियम (Ba), बेरीलियम (Be), कैडमियम (Cd), कॉपर (Cu), लेड (Pb), मैंगनीज़ (Mn), सिलवर (Ag), निकेल (Ni), सिलेनियम (Se), मरकरी (Hg), वैनेडियम (V) तथा जिंक (Zn)।

ज्ञात हो कि 105 ज्ञात तत्त्वों में से 83 धातुएँ हैं और इनमें से 68 धातुओं का घनत्व 5 है। भारी धातुओं को लेश तत्त्व अथवा विषैले तत्त्व भी कहा जाता है।

मानव शरीर में **नौ** लेश तत्त्वों का समुचित संतुलन (जल तथा मिट्टी में) होना आवश्यक है। ये हैं—कोबाल्ट (Co), कॉपर (Cu), फ्लुओरीन (F),

आयोडीन (I), आयरन (Fe), मैंगनीज (Mn), सेलीनियम (Se) तथा जिंक (Zn) ।

यदि मनुष्य में Pb की अधिक मात्रा संचित होती है तो उसे वृक्क रोग होता है ।

Cd से **इटाइ इटाइ** रोग उत्पन्न होता है (जापान में) ।

Hg से मिनिमाता रोग होता है (जापान में) ।

As से (यदि 0.3 पी.पी.एम. से अधिक हो) हाइपरकेरैटोसिस तथा चर्म कैंसर होता है ।

B, Se से (मिट्टी में 2 पी.पी.एम. से अधिक होने पर) कृषीय फसलों पर विषैला प्रभाव पड़ता है ।

Sr^{90} से अस्थि में Ca^{++} का विपरीत संतुलन पैदा होता है ।

Cr की न्यून मात्रा से पेशाब में से शर्करा जाने लगती है ।

Zn की न्यून मात्रा (जल में निश्चित मात्रा) से धमनियों का काठिन्य हो जाता है ।

सारणी 3.2 में भारी धातुओं का संदूषण तथा मनुष्यों पर प्रभाव अंकित है ।

सारणी 3.2

भारी धातुओं का संदूषण तथा मनुष्यों पर प्रभाव

भारी धातुएँ	संदूषण का साधन	मनुष्यों पर शारीरिक प्रभाव
कैडमियम (Cd)	भोजन द्वारा, जल द्वारा	मिचली, दस्त, हृदय रोग
लेड (Pb)	जल द्वारा	गंभीर संचयी तथा उग्र शरीर विष
मरकरी (Hg)	जल द्वारा	मस्तिष्क तथा केंद्रीय तंत्रिका तंत्र को क्षति
मेथिल-Hg	भोजन द्वारा	केंद्रीय तंत्रिका तंत्र को तथा मस्तिष्क को क्षति
आर्सेनिक (As)	जल द्वारा	100 मिग्रा. से उग्र शारीरिक प्रभाव

भारी धातुएँ	संदूषण का साधन	मनुष्यों पर शारीरिक प्रभाव
क्रोमियम (Cr)	जल द्वारा	साँस के साथ जाने पर कैंसर उत्पादक
सिलेनियम (Se)	जल द्वारा	बाल झड़ जाते हैं तथा त्वचीय परिवर्तन

इन विषैले तत्त्वों या भारी धातुओं के मुख्य स्रोत हैं—

(1) कच्चा मल-जल, घरेलू अपशिष्ट, शैलों का अपक्षय तथा शहरी कूड़ा-कचरा एवं कृषि-कार्य।

(2) औद्योगिक बहिःस्राव।

यमुना के जल तथा अवसाद (Sediment) में भारी धातुओं की मात्रा ज्ञात की जा चुकी है।

दुर्गापुर क्षेत्र में जिंक (Zn), लेड (Pb), क्रोमियम (Cr), आर्सेनिक (As), तथा मरकरी (Hg) की उपस्थिति बहिःस्रावों में पाई जाती है जिससे नदी में आर्सेनिक (As) तथा मरकरी (Hg) की पर्याप्त मात्रा पाई गई।

बंबई तथा पुणे के औद्योगिक क्षेत्रों से निकले बहिःस्राव नदियों में मिलकर कॉपर (Cu), कैडमियम (Cd) तथा मरकरी (Hg) को बढ़ानेवाले हैं।

केरल में पेरियार नदी के अवसाद में लेड (Pb) की हानिकारक सांद्रता पाई गई है।

तमिलनाडु के कुओं से औद्योगिक क्षेत्र में क्रोमियम (Cr) की मात्रा काफी अधिक (54-1500 पी.पी.एम.) पाई गई है।

अलीगढ़ के आसपास गंगा में भारी धातुओं का संचय पाया गया है।

बिहार में गंगा तथा उसकी सहायक नदियों में आर्सेनिक (As), कैडमियम (Cd), क्रोमियम (Cr), ताँबा (Cu), लोहा (Fe), सीसा (Pb), मैंगनीज (Mn), पारा (Hg), निकेल (Ni) तथा जिंक (Zn) भारी धातुएँ पाई गईं। किंतु प्राप्य भारी धातुएँ अधिकतम सहिष्णुता-सीमा से नीचे हैं।

गंगाजल की कठोरता कम है (114 पी.पी.एम.), इसलिए भारी तत्त्वों का संचय अधिक है। गंगा का जल ब्रह्मपुत्र नदी के जल से दुगुना लवणीय है। अनुमान है कि गंगा और ब्रह्मपुत्र नदियाँ मिलकर प्रतिवर्ष 118 मिलियन टन

विलयित ठोस बंगाल की खाड़ी में ले जाकर डालती हैं।

पीने के जल में भी लेश तत्वों या भारी धातुओं की कुछ-न-कुछ मात्रा रहती है। इनकी अधिकतम अनुमत सांद्रता (permissible concentration) (मिग्रा. /ली.) निम्नवत् है* —

तत्त्व या धातु	अधिकतम अनुमत सांद्रता मिग्रा./ली.
मरकरी	0.001
कैडमियम	0.01
सेलीनियम	0.01
आर्सेनिक	0.05
क्रोमियम	0.05
कॉपर	0.05
मैंगनीज	0.05
लेड	0.1
आयरन	0.1
जिंक	5.0

हमारे देश में बाक्साइट की 62, क्रोमाइट की 20, ताम्र की 11, लौह की 374, मैंगनीज की 315 तथा जिंक की 1 खान है। ऐसा कहा जाता है कि महाराष्ट्र में जितना पारा काम में लाया जाता है उसका 95% उपयोग बंबई के आसपास स्थित आठ उद्योगों द्वारा किया जाता है। इन उद्योगों का सारा बहिःस्राव अरब सागर में गिराया जाता है।

औद्योगिक बहिःस्रावों में भारी धातुओं की उपस्थिति पाई जाती है। वस्तुतः धातु-कर्म, रासायनिक उद्योग, खनन, रंग, लुगदी तथा कागज, चर्म उद्योग, वस्त्र उद्योग, उर्वरक, पेट्रोलियम परिष्करण तथा कोयला दहन—ये औद्योगिक स्रोत हैं भारी धातुओं के। सारणी 3.3 में 8 भारी धातुओं की उपस्थिति दर्शाई गई है।

---

* *स्रोत*—विश्व स्वास्थ्य संघटन (1971)।

सारणी 3.3

भारी धातुओं के स्रोत विभिन्न उद्योग

		As	Cd	Cr	Cu	Pb	Hg	Ni	Zn
1.	खनन	×	×	–	–	×	×	–	×
2.	धातु-कर्म	×	×	×	×	×	×	×	×
3.	रासायनिक उद्योग	×	×	×	×	×	×	–	×
4.	रंग (पेंट)	–	×	×	–	×	–	–	×
5.	लुगदी तथा कागज	–	–	×	×	×	×	×	–
6.	चर्म उद्योग	×	–	×	–	–	×	–	×
7.	वस्त्र उद्योग	×	×	–	×	×	×	×	×
8.	उर्वरक	×	×	×	×	×	×	×	×
9.	पेट्रोलियम परिष्करण	×	×	×	×	×	×	–	×
10.	कोयला दहन	×	×	×	×	×	×	×	–

× उपस्थिति का सूचक

सिंचाई जल में भारी तत्त्वों की वांछनीय मात्राएँ सारणी 3.4 में अंकित हैं। स्पष्ट है कि अल्पकालिक सिंचाई के लिए भारी तत्त्वों की काफी अधिक मात्रा सह्य हो सकती है; किंतु निरंतर सिंचाई के लिए प्रयुक्त होनेवाले जल में इन तत्त्वों की अधिकता नहीं होनी चाहिए।

सारणी 3.4

सिंचाई जल में भारी धातुएँ

तत्त्व	निरंतर सिंचाई के लिए प्रयुक्त मिग्रा./ली.	
कैडमियम (Cd)	0.005	अल्पकाल के लिए ये मात्राएँ काफी अधिक हो सकती हैं
क्रोमियम (Cr)	5.0	
ताँबा (Cu)	0.2	
सीसा (Pb)	5.0	

तत्त्व		निरंतर सिंचाई के लिए प्रयुक्त मिग्रा./ली.	
मैंगनीज	(Mn)	2.0	
निकेल	(Ni)	0.5	
जिंक	(Zn)	5.0	

औद्योगिक क्षेत्रों के आसपास की मिट्टी में भारी धातुओं की इतनी प्रचुरता पाई जाती है कि उनमें उगनेवाली वनस्पति संदूषित हो जाती है। उदाहरणार्थ, पारा उद्योग के आसपास की वनस्पति अत्यधिक पारे से संदूषित होती है (वायु प्रदूषण से)। खानों के आसपास उगाई जानेवाली तरकारियों में सीसा, कैडमियम, पारा तथा समुद्री प्लैंकटनों में भी ताँबा, जिंक, कैडमियम तथा सीसा का संचय पाया गया है।

धातु प्रदूषण का पता लगाना मानीटरन द्वारा संभव है किंतु मानीटरन के लिए बहुत सारे नमूनों का परीक्षण आवश्यक होता है जो बहुत खर्चीला तथा समय लेनेवाला है। यही कारण है कि जब क़ोई शिकायत आती है तभी परीक्षण किया जाता है। किंतु पूर्वसूचना जल्दी-से-जल्दी तैयार की जानी चाहिए।

फिर भी कुछ पौधे और पशु भारी धातुओं के प्रति संवेदनशील होते हैं जिन्हें **सूचकों** की तरह प्रयुक्त किया जा सकता है। ये साधन सस्ते हैं और स्थानीय रूप से विशेष लाभप्रद हैं। इस विधि को **बायोमानीटरन** कहा जाता है। प्रायः काई का प्रयोग इसके लिए किया जाता है। उदाहरणार्थ, पर्सन (1948) ने काई का उपयोग उच्च ताम्र सांद्रता ज्ञात करने के लिए किया। इसी प्रकार फिनलैंड तथा कनाडा में **स्फैगनम** काई का प्रयोग जिंक, लेड तथा कैडमियम का पता लगाने के लिए किया जाता है। धान की बालों में कैडमियम की मात्रा ज्ञात करके मिट्टी में कैडमियम का पता लगाया जाता है। मक्का की निचली पत्ती में सबसे अधिक कैडमियम रहता है। बंबई के आसपास किए गए ऐसे अध्ययनों का अपना महत्त्व है। विभिन्न धातुओं के लिए सूचक पौधे इस प्रकार हैं—

सूचक पौधा	धातु	
थ्लास्पी अल्पेस्टे	जिंक	(Zn)
मिनुएर्टिया वर्ना	लेड	(Pb)
पियर्सोनिया मेटालीफेरा	क्रोमियम	(Cr)
मिनुएर्टिया वर्ना	कैडमियम	(Cd)
ट्रैकीपोगोन स्पिकेटस	कॉपर	(Cu)

4
भौम जल प्रदूषण

अभी तक भौम जल को शुद्ध माना जाता रहा है; किंतु हाल के वर्षों में भौम जल में कृत्रिम कार्बनिक रसायनों, भारी धातुओं तथा अन्य पदार्थों का पता चलने से स्पष्ट हो गया है कि प्रदूषण ने वहाँ भी घर कर लिया है। इसका कारण मानवीय गतिविधियाँ—औद्योगीकरण का विकास है। अब कुएँ का पानी पीना उतना ही हानिकारक हो सकता है जितना सतही प्रदूषित जल का पीना।

भौम जल का संदूषण मुख्यतया विषैले कार्बनिक तथा अकार्बनिक रसायनों का भौम जल के स्रोतों में निस्यंदन (infiltration) है।

प्राकृतिक भौम जल की गुणवत्ता में कृत्रिम ढंग से लाया गया ह्रास **भौम जल प्रदूषण** कहलाता है। प्रदूषण से जल उपयोग में बाधा पड़ सकती है और विषाक्तता अथवा रोग फैलने से जन-स्वास्थ्य के लिए गंभीर संकट उत्पन्न हो सकता है। अधिकांश प्रदूषण व्यर्थ जल के गलत ढंग से निपटान के फलस्वरूप उत्पन्न होता है। भौम जल के प्रदूषण का पता लगाना तो कठिन है ही, उस पर नियंत्रण पाना भी कठिन है। ऐसा प्रदूषण वर्षों बना रह सकता है।

भौम जल में सामान्यतया लवण मिले रहते हैं। ये लवण स्थानिक हो सकते हैं और जल के गतिशील होने के कारण भी प्राप्त हो सकते हैं। मीठे जल तथा लवणीय या खारी जल में विलयित ठोसों की मात्रा के कारण ही अंतर आता है। उदाहरणार्थ—

मीठे जल में	0-1,000 मिग्रा/ ली.
लवणीय जल में	10,000-1,00,000 मिग्रा/ली.
खारी (ब्राइन) जल में	> 1,00,000 मिग्रा/ली.

जब भौम जल के एक लीटर आयतन में 1,000 मिग्रा. से अधिक ठोस पदार्थ (लवण) विलयित रहते हैं तो उसे **लवणीय भौम जल** कहते हैं।

भौम जल का उपयोग पीने, उद्योग तथा सिंचाई के लिए होता है। इन

उपयोगों के लिए भौम जल में अलग-अलग गुणों का होना अनिवार्य होता है। इसलिए भौम जल की गुणवत्ता पर विशेष बल दिया जाता है। भौम जल में गैसें भी विलयित रहती हैं, अतः उन्हें भी अनदेखा नहीं किया जा सकता। भौम जल का ताप भी महत्त्वपूर्ण है।

शायद ही ऐसा भौम जल हो जिसमें लवण विलीन न रहते हों। लवण की मात्रा 25 मिग्रा/ली. (झरनों के जल में) से लेकर 3,00,000 मिग्रा/ली. (खारी जल) पाई गई है।

पेय भौम जल में जो तत्त्व या अवयव रहते हैं उनका अनुमान निम्न-लिखित सारणी से लग जाएगा।

सारणी 4.1

पेय भौम जल के अवयव

मुख्य अवयव 1-1000 मिग्रा./ली.	द्वितीयक अवयव 0.01-10 मिग्रा./ली.	गौण अवयव 0.0001-0.1 मिग्रा./ली.	लेश अवयव 0.001 मिग्रा./ली. से कम
Na	Fe	Al, As, Ba	Be
Ca	Sr	Br, Cd, Co	Bi
Mg	K	Cu, I, Pb	Cs
HCO_3^-	CO_3^{--}	Li, Mn, Mo	Ga
SO_4^{--}	NO_3^-	N, Se, U	Ra
Cl^-	F^-	V, PO_4^{---}	Ag
			Th
SiO_2	B	Zn	Sn

यदि सिंचाई के लिए भौम जल का उपयोग होना है, जो आजकल अनिवार्य-सा है, तो उसमें उपस्थित लवणों की मात्रा तथा उनकी किस्म पर ध्यान रखना आवश्यक होगा अन्यथा सिंचाई करने से भूमि खराब हो सकती है। बाद में इससे फसलों पर भी बुरा प्रभाव पड़ सकता है।

भौम जल के भौतिक गुणों में ताप, रंग, गँदलापन, गंध, स्वाद मुख्य हैं।

जैविक गुणों में कोलीफार्म जीवाणु महत्त्वपूर्ण है। वस्तुतः मिट्टी के भीतर गति करने से ही भौम जल में परिवर्तन आते हैं।

भौम जल के प्रदूषक

वैसे तो भौम जल को प्रदूषित करनेवाले असंख्य प्रदूषक हैं किंतु इनमें से चार कोटि के प्रदूषक महत्त्वपूर्ण हैं। ये हैं—

1. रासायनिक प्रदूषक—इसके अंतर्गत कार्बनिक तथा अकार्बनिक दोनों ही प्रकार के यौगिक आते हैं। प्रमुख कार्बनिक रसायन जिनकी पहचान भौम जल में हुई है, इस प्रकार हैं—

1. बेंजीन, क्लोरोबेंजीन, डाइक्लोरो तथा ट्राइक्लोरोबेंजीन।
2. डाइक्लोरोएथिलीन, ट्राइक्लोरोएथिलीन, टेट्राक्लोरोएथिलीन।
3. विनाइल क्लोराइड, मेथिलीन क्लोराइड।
4. डाइ तथा ट्राइक्लोरो एथेन।

2. जैव प्रदूषक—विविध जीवाणु—कोलीफोर्म जीवाणु, मल कोलीफार्म, मल स्ट्रेप्टोकोकाइ।

3. भौतिक प्रदूषक—रंग, गंध, ताप तथा गँदलापन।

4. विकिरण चिकित्सात्मक प्रदूषक—विविध रेडियोएक्टिव तत्त्वों या विकिरणों की उपस्थिति।

सारणी 4.2 में भौम जल के प्रमुख प्रदूषकों को, उनकी इकाई सहित अंकित किया गया है। देखने में यह लंबी और उबाऊ भले लगे किंतु वास्तविक चित्रण यही है।

सारणी 4.2

भौम जल के प्रदूषक

रासायनिक : कार्बनिक	**इकाई**
BOD	मिग्रा/ली.
COD	मिग्रा/ली.
क्लोरीनीकृत फीनाक्सी-अम्ल शाकनाशी	माइक्रोग्रा/ली.

कार्बनिक	इकाई
डिटरजेंट	मिग्रा/ली.
कार्बनिक कार्बन	मिग्रा/ली.
आर्गेनोफास्फोरस पेस्टीसाइड	मिग्रा/ली.
फीनाल	मिग्रा/ली.
टैनिन तथा लिग्निन	मिग्रा/ली.
अकार्बनिक	
अम्लता	मिग्रा/ली.
क्षारीयता	मिग्रा/ली.
Al	मिग्रा/ली.
NH_4	मिग्रा/ली.
Sb	मिग्रा/ली.
As	मिग्रा/ली.
Ba	मिग्रा/ली.
Ni	मिग्रा/ली.
NO_2	मिग्रा/ली.
NO_3	मिग्रा/ली.
N	मिग्रा/ली.
O_2	मिग्रा/ली.
PO_4	मिग्रा/ली.
K	मिग्रा/ली.
Se	मिग्रा/ली.
SiO_2	मिग्रा/ली.
Sr	मिग्रा/ली.
SO_4, SO_3, S	मिग्रा/ली.
Sn	माइक्रोग्राम/ली.
Ti	माइक्रोग्राम/ली.
V	माइक्रोग्राम/ली.
Zn	माइक्रोग्राम/ली.

अकार्बनिक	इकाई
Cd	माइक्रोग्राम/ली.
Ca	मिग्रा/ली.
CO_3	मिग्रा/ली.
Cl	मिग्रा/ली.
Cr	माइक्रोग्रा/ली.
Cu	माइक्रोग्रा/ली.
CN	माइक्रोग्रा/ली.
OH	माइक्रोग्रा/ली.
I	माइक्रोग्रा/ली.
Fe	माइक्रोग्रा/ली.
Mg	माइक्रोग्रा/ली.
Hg	माइक्रोग्रा/ली.
Mo	माइक्रोग्रा/ली.
जैविक	
कोलीफार्म जीवाणु	संख्या /100 मिली.
मल कोलीफार्म	संख्या /100 मिली.
मल स्ट्रेप्टोकोकाइ	संख्या /100 मिली.
भौतिक	
रंग	PCU
गंध	TO
ताप	°C
आविलता	TU
विकिरण चिकित्सात्मक	
^{140}Ba	पिकोक्यूरी/ली. (pc/l)
^{134}Cs	पिकोक्यूरी/ली. (pc/l)
α	पिकोक्यूरी/ली. (pc/l)
γ	पिकोक्यूरी/ली. (pc/l)

विकिरण चिकिसात्मक	इकाई
^{131}I	पिकोक्यूरी/ली. (pc/l)
Ra	पिकोक्यूरी/ली. (pc/l)
Th	माइक्रोग्राम/ली.
^{3}H (ट्राइट्रियम)	पिकोक्यूरी/ली.
U	माइक्रोग्राम/ली.

* पिकोक्यूरी $= 10^{-12}$ क्यूरी (c)

भौम जल प्रदूषण के कारण

चूँकि अधिकांश प्रदूषण भूमि-पृष्ठ पर या उसके भीतर अपशिष्ट के निपटान से उत्पन्न होता है, इसलिए इन निपटान विधियों पर दृष्टिपात आवश्यक प्रतीत होता है। ये विधियाँ हैं—

1. अपशिष्ट को रिसाव तालों में डालना,
2. भू-पृष्ठ पर अपशिष्ट को फेंक देना या बहिःस्राव से सिंचाई करना,
3. गड्ढों या खंदकों में रिसाव को एकत्र होने देना,
4. भूमि-भराव के लिए अपशिष्ट का प्रयोग,
5. कुओं में निपटान।

प्रदूषण के स्रोतों तथा कारणों के अनुसार निम्नलिखित चार श्रेणियाँ बनाई जा सकती हैं—

1. म्युनिसिपल,
2. औद्योगिक,
3. कृषीय,
4. विविध।

1. म्युनिसिपल स्रोत तथा कारण

(i) सीवरों का लीकेज—सीवरों को जलरुद्ध होना चाहिए किंतु मल-जल का च्यवन या लीकेज आम घटना है—विशेषतया पुरानी सीवरों में। खराब सीवर पाइप होने, वृक्षों की जड़ों से टूटन आने, बोझ पड़ने, मिट्टी खिसकने, भूकंप आने आदि के कारण लीकेज आता है। किंतु मल-जल में

निलंबित पदार्थों से दरारें बंद हो जाती हैं और रिसाव रुक जाता है। लीकेज के कारण BOD, COD, NO_3, कार्बनिक यौगिक तथा जीवाणुओं का भौम जल में प्रवेश हो सकता है। औद्योगिक क्षेत्रों से आनेवाली सीवरों में भारी धातुएँ व्यर्थ जल में प्रविष्ट हो जाती हैं।

(ii) द्रव अपशिष्ट—व्य‹ जल घरेलू उपयोग, उद्योग तथा बहकर आने वाले वर्षा जल से प्राप्त होता है। म्युनिसिपल व्यर्थ जल से भौम जल में बैक्टीरिया, वाइरस, अकार्बनिक तथा कार्बनिक रसायन मिल सकते हैं। औद्योगिक क्षेत्रों में भारी धातुएँ मिल सकती हैं। क्लोरीनीकरण से भी जल का प्रदूषण हो सकता है। कभी-कभी सतही व्यर्थ जल को उथले कुओं में डाल दिया जाता है। ऐसे कुएँ यदि पंपिंग कुओं के पास हों तो सबसे अधिक खतरा रहता है।

(iii) ठोस अपशिष्ट—भूमि पर ठोस अपशिष्ट डालने से भौम जल प्रदूषण को बढ़ावा मिलता है। भूमि-भराव का धोवन भौम जल को प्रदूषित कर सकता है। यदि भूमि-भराव के ऊपर गिरनेवाले वर्षा जल को कम कर दिया जाए तो प्रदूषण में कमी आ सकती है। यदि जल स्तर उथला है तो भूमि-भराव समस्या उत्पन्न करता है। ऐसे जल में पाए जानेवाले मुख्य प्रदूषक हैं—BOD, COD, Fe, Mn, Cl, NO_3, कठोरता, लेश तत्त्व। मीथेन (CH_4), कार्बन डाइऑक्साइड (CO_2), अमोनिया (NH_3), हाइड्रोजन सल्फाइड H_2S आदि गैसें भी भूमि-भराव से उत्पन्न हो सकती हैं और जल के साथ मिली रह सकती हैं।

2. औद्योगिक स्रोत तथा कारण

(i) द्रव अपशिष्ट—उद्योग में जल का मुख्य उपयोग शीतलन, सफाई तथा संसाधन में होता है। अतः उद्योग की किस्म तथा उपयोग के अनुसार व्यर्थ जल की गुणवत्ता बदलती रहती है। शीतलन से जो जल प्राप्त होता है उसमें लवण तथा उष्मा मुख्य प्रदूषक के रूप में विद्यमान रहते हैं। जहाँ औद्योगिक व्यर्थ जल को तालों, गड्ढों में डाला जाता है वहाँ अपशिष्ट जल-स्तर से जा मिलते हैं।

खतरनाक तथा विषैले औद्योगिक अपशिष्टों का निपटान गहरे अंतःक्षेपण कुओं में किया जाता है।

(ii) टैंक तथा पाइप लाइन लीकेज—औद्योगिक प्रतिष्ठानों में अनेक रसायनों तथा ईंधनों का भंडारण भूमिगत होता है जिनसे लीकेज होता है और भौम जल प्रदूषण उत्पन्न होता है। पेट्रोलियम तथा पेट्रो-उत्पाद ऐसे प्रदूषण के लिए बहुत कुछ जिम्मेदार हैं। तेल प्रायः प्रवेश्य मिट्टी में से होकर नीचे बढ़ता जाता है और जल-स्तर को छू लेता है, फिर यह जल-स्तर की सतह पर तैरता हुआ भौम जल में चला जाता है। द्रव रेडियोएक्टिव व्यर्थ भी इसी तरह से प्रदूषण उत्पन्न करते हैं।

(iii) खनन—कोयला, फास्फेट तथा यूरेनियम की खानों से सर्वाधिक प्रदूषण होता है। खानें अधिकतर जल-स्तर के नीचे तक फैली रहती हैं और खनन-कार्य का विस्तार करने के लिए प्रायः जल को पंप द्वारा बाहर निकाला जाता है। यह जल खनिजों से युक्त होता है—इसका पीएच कम रहता है तथा इसमें उच्च मात्रा में Fe, Al तथा SO_4^{--} घुले रहते हैं। कोयला की खानों में पाइराइट (FeS_2) रहता है जो ऑक्सीकृत होकर सल्फ्यूरिक अम्ल (H_2SO_4) तथा फेरस सल्फेट ($FeSO_4$) उत्पन्न करता है। अतः जब ये उत्पाद भौम जल में मिलते हैं तो भौम जल का पीएच घट जाता है और लौह तथा सल्फेट की मात्रा बढ़ जाती है। जिन खानों को छोड़ दिया जाता है उनसे भी प्रदूषण उत्पन्न होता है।

(iv) तेल क्षेत्रों का खारा जल—तेल तथा गैस के उत्पादन के साथ-साथ काफी मात्रा में खारी जल बाहर निकाला जाता है। खारे जल में सोडियम (Na), कैल्सियम (Ca), अमोनियम (NH_4), बोरन (B), क्लोरीन (Cl), सल्फेट (SO_4), भारी धातुएँ तथा विलयित ठोस रहते हैं। पहले यह खारा जल सतह पर सूखने दिया जाता था किंतु अब कुओं के द्वारा काफी गहराई में डाल दिया जाता है जिससे मीठे पानी के स्रोत प्रभावित न हों। किंतु फिर भी खारी जल के इस निपटान से भौम जल प्रदूषित हो सकता है।

3. कृषीय स्रोत तथा कारण

(i) सिंचाई के लिए जो जल प्रयुक्त होता है उसका काफी अंश फसलें ग्रहण कर लेती हैं। शेष वाष्पीकृत हो जाता है। इससे बार-बार सिंचाई से लवणीयता बढ़ती है। उर्वरकों से भी लवण मिलते हैं। अतः वर्षा जल के कारण भौम जल में अधिक लवण मिलते हैं। इससे Ca, Mg, Na तथा

HCO_3^-, SO_4^{--}, Cl^-, NO_3^- में वृद्धि होती है।

(ii) पशु अपशिष्ट—विकसित देशों में गोबर के ढेर और प्रायः कसाई-घरों के आसपास खून देखा जाता है। अतः भूमि में ये अपशिष्ट मिलते रहते हैं। गोबर की खाद का नाइट्रेट भी भौम जल में जा सकता है।

(iii) उर्वरक एवं सुधारक—सारे उर्वरकों का कुछ अंश मिट्टी में से होकर जल-स्तर में जा मिलता है। यद्यपि फास्फेट तथा पोटैशिक उर्वरकों से यह मात्रा नीचे कम जाती है किंतु नाइट्रोजनी उर्वरकों से अधिक मात्रा नाइट्रेट के रूप में जाती है।

अम्लीय मृदाओं या ऊसर भूमियों के सुधार के लिए डाले जानेवाले चूने या गंधक तथा जिप्सम से भी पर्याप्त प्रदूषण हो सकता है।

(iv) पेस्टीसाइड—भौम जल में इनकी किंचित् मात्रा भी जल की पेयता को धक्का पहुँचानेवाली है। भौम जल में पेस्टीसाइड की मात्रा भूमि के गुणों, वर्षा की मात्रा तथा पेस्टीसाइड की किस्म पर निर्भर करेगी। प्रायः आर्गेनोफास्फोरस यौगिक तथा शाकनाशी भौम जल में पाए गए हैं। भारत में अभी इतनी मात्रा में पेस्टीसाइड नहीं प्रयुक्त होते कि वे भौम जल को प्रदूषित कर सकें।

4. विविध स्रोत तथा कारण

गैसोलीन स्टेशनों के आसपास व्यर्थ तेल भूमि पर फैलता है। दुर्घटनाओं के कारण भी पेट्रोल बिखरता है। औद्योगिक संयंत्रों के पास ठोस अपशिष्ट तथा कृषीय अपशिष्टों का अंबार लग जाता है। जब वर्षा होती है तो इनको भेदकर निकलनेवाले धोवन में भारी धातुएँ, लवण आदि प्रदूषक के रूप में भौम जल तक जा सकते हैं।

शहरों में सेप्टिक तालों तथा सेसपूलों की भरमार है। घरों का मल-जल नीचे जाकर भौम जल में खनिजों के साथ-साथ बैक्टीरिया तथा वाइरस और पर्याप्त मात्रा में नाइट्रेट पहुँचा देता है।

कहीं-कहीं मीठे जल पर खारी जल का आक्रमण हो सकता है, विशेषतया समुद्री तटों पर। कुओं के जल में भी परस्पर आदान-प्रदान हो सकता है।

सतही प्रदूषित जल से भी भौम जल प्रदूषण संभव है।

उपर्युक्त स्रोतों तथा साधनों से भौम जल का जो प्रदूषण होता है उसमें

घटत-बढ़त दोनों संभव हैं। किंतु सामान्यतया मिट्टी में से प्रदूषकों के गुजरने से और भौम जल तक पहुँचने तक अधिकांश रोगजनक जीवाणु नष्ट हो जाते हैं—प्रायः 1 मीटर की गहराई तक जाते-जाते ये नष्ट हो जाते हैं। यदि ऊपरी सतह से भौम जल-स्तर तक पर्याप्त महीन कण (गाद, मृत्तिका) न हों तो भौम जल तेजी से प्रदूषित होता। किंतु प्रायः ऐसा होता नहीं है।

भौम जल प्रदूषण वर्षों, दशाब्दियों तथा सदियों तक बना रह सकता है जबकि भू-पृष्ठ पर जल प्रदूषण जल्दी ही समाप्त हो जाता है। प्रदूषित भौम जल का सुधार कठिन कार्य है। यह खर्चीला भी है। प्रदूषण दूर करने के उपायों में सतही जल प्रदूषण को रोका जाए और भौम जल को वेधकर बाहर निकाल लिया जाए। साथ ही निरंतर भौम जल की गुणवत्ता का मानीटरन किया जाए।

भौम जल अत्यंत मंद गति से नीचे की ओर बढ़ता है—5 फीट प्रतिदिन से लेकर कुछ फीट प्रति वर्ष तक। अतः प्रदूषण को पहचान पाने में 100 या 1,000 वर्ष लग सकते हैं।

भौम जल में स्वतः शुद्धि के साधन नहीं हैं जो पृष्ठ जल में हैं, इसलिए प्रदूषक वर्षों तक बने रहते हैं। यदि एक बार प्रदूषण की पहचान कर ली जाए तो उसे दूर कर पाना असंभव है और यदि निकालकर उसे सुधारना चाहें तो काफी खर्चीला है।

5
नदियों का प्रदूषित जल

आज विश्व की अधिकांश नदियों का जल प्रदूषित हो चुका है। औद्योगिक क्रांति के पूर्व प्राकृतिक प्रदूषकों से जितनी हद तक प्रदूषण होता था वह सह्य था। परंतु आज उद्योगों के पनपने से औद्योगिक अपशिष्ट के निपटान के लिए मानो नदियाँ ही एकमात्र 'कूड़ादान' बन गई हैं। अधिकांश उद्योग नदी या समुद्र तट पर ही स्थापित किए गए, संभवतः इसी दृष्टि से कि व्यर्थ जल तथा सामग्री को जल-धारा में प्रवाहित किया जा सकेगा। शायद तब पर्यावरण प्रदूषण या जल प्रदूषण की ओर किसीका न तो ध्यान गया था, न ही आशंका थी कि प्रदूषण इतना उग्र रूप धारण कर सकता है।

हमारे देश में नदियों का जाल-सा बिछा है। इनमें से कुछ नदियाँ अत्यंत विशाल हैं और उनकी अनेक सहायक नदियाँ भी हैं। ये नदियाँ वर्षा-जल का वहन करनेवाली हैं। किंतु नदी के जल में शुद्ध या विलयित पदार्थों से युक्त जल के अतिरिक्त अनेक निलंबित अशुद्धियाँ भी रहती हैं। इनमें खरपतवार, लाशें, रद्दी वस्तुएँ ऊपर-ऊपर तैरती हैं किंतु गाद जैसी सूक्ष्म वस्तुएँ निलंबित रहती हैं। भूमि अपरदन से न जाने कितनी गाद (Silt) नदी के साथ प्रवाहित होकर समुद्र तक जाती है। यह गाद पानी को गँदला या मटमैला बनाती है, उसके स्वाद को बिगाड़ती है। नदियों का तेज प्रवाह अपने किनारे की भूमि को अपरदित करके इस गाद में वृद्धि करता चलता है।

ऐसा अनुमान है कि हमारे देश की विभिन्न नदियों के द्वारा प्रतिवर्ष लगभग 135 बिलियन टन अवसाद (तलछट) तथा 32 बिलियन टन विलयित पदार्थ समुद्र में जा मिलता है। यद्यपि हमारी नदियाँ विश्व-भर की नदियों का कुल 5% जल वहन करती हैं, किंतु इनके द्वारा ले जाया गया तलछट विश्व-भर की मात्रा का 35% है। नदियों के अत्यधिक वेग के कारण तथा अधिक अपरदन के कारण ही ऐसा है। ऐसा अनुमान है कि कुछ भारतीय नदियों द्वारा विश्व-भर में सर्वाधिक भूमि अपरदन होता है जिससे इन नदियों

के किनारे कटते हैं और नदी का तल नीचे धँसता जाता है। अनुमान है कि हमारे देश की 20 बड़ी तथा मझोली नदियों द्वारा भूमि अपरदन की दर प्रति वर्ग किलोमीटर 16 मिलियन टन से 799 मिलियन टन तक है; जबकि रासायनिक अपरदन की दर 22-110 मिलियन टन/कि.मी.^{2} है।

ऐसा अनुमान है कि केवल बंगाल की खाड़ी में गिरनेवाली नदियाँ 370 मिलियन टन मिट्टी अवसाद तथा 62 मिलियन टन रासायनिक अवसाद ले जाती हैं।

हिमालय से निकलनेवाली नदियाँ अन्य नदियों की अपेक्षा अधिक तीव्र अपरदन करती हैं और इन नदियों का रासायनिक अपरदन विश्व की नदियों की तुलना में सर्वाधिक है।

अनुमान है कि भाखड़ा नाँगल बाँध में प्रतिवर्ष 330 मिलियन टन अवसाद एकत्र होता है।

जुलाई 1970 में ऊपरी गंगा नहर का बहाव हरिद्वार के निकट अवसाद के ही कारण अवरुद्ध हो गया था। तब उसे दूर करने में 6 मास का समय लगा था और करोड़ों रुपए सफाई में लगे थे।

आजकल नदियों द्वारा समुद्र में प्रचुर कार्बनिक पदार्थ भी ले जाए जाते हैं। पहले की तुलना में यह मात्रा दोगुनी हुई है। इससे समुद्र में सुपोषण (Eutrophication) में वृद्धि हुई है।

कितना प्रदूषण है भारतीय नदियों में ?

सामान्यतया विलयित ऑक्सीजन (DO) तथा मल के कोलीफार्म सूक्ष्म जीवों की संख्या को प्रदूषण का मानदंड बनाया जाता है। इन दोनों की दृष्टि से भारतीय नदियों की स्थिति इस प्रकार है—

1. विलयित ऑक्सीजन (DO)—गरम जल के जलचरों के लिए विलयित ऑक्सीजन का न्यूनतम मान 5.5 मिग्रा./ली. है तथा शीतल जल के जलचरों के लिए 6.5 मिग्रा./ली. है। इस दृष्टि से 1987-90 की एक रिपोर्ट के अनुसार प्रायः सभी नदियों के मान न्यूनतम मात्रा से ऊपर हैं अर्थात् मछलियों के रहने के लिए उपयुक्त हैं। राँची में सुवर्ण रेखा में यह मान 5.3 था जो सबसे कम है; जबकि कावेरी में 7.5 तथा साबरमती (धारी) में 8.9 था।

2. मल के कोलीफार्म—पीने के जल में प्रति 100 मिली. (ml) जल में कोलीफार्म की संख्या (0) शून्य और नहाने तथा सिंचाई के जल में 1,000 से कम संख्या होनी चाहिए। इस दृष्टि से सुवर्ण रेखा नदी में राँची में कोलीफार्म की यह संख्या 3,100 तथा जमशेदपुर में 2,800 थी। फलतः इस नदी का जल स्नान करने के अयोग्य था। अन्य नदियों में कोलीफार्म की संख्या निम्नवत् है—

कावेरी में	445/100 मिली.
साबरमती में	220/100 मिली.
गोदावरी में	4-8/100 मिली.

इस तरह भारतीय नदियों में गोदावरी नदी सर्वाधिक स्वच्छ नदी है।

गंगाजल को शुद्ध मानने के कई कारण थे—

(1) जल में वाइरसरोधी पदार्थ पाए जाते थे जिनमें अब कमी आ रही है।

(2) जल में रेडियोएक्टिविटी भी बतलाई जाती थी।

(3) तीव्र प्रवाह तथा बालू एवं उथलेपन के कारण सूर्य प्रकाश तली तक पहुँचने से भी विसंक्रमण संभव था।

जिस गंगा नदी को परम पवित्र माना जाता है अब वह अत्यंत प्रदूषित है। माघ मेला या कुंभ स्नान पर्वों के समय या उसके बाद गंगा नदी में विलयित ऑक्सीजन में कमी तथा कोलीफार्म में काफी वृद्धि देखी जाती है।

गंगा कार्यान्वयन योजना (Ganga Action Plan, GAP)

जून 1986 में इस योजना की घोषणा की गई थी जिसके लिए 300 करोड़ रुपयों से भी अधिक का प्रावधान था और ऋषिकेश से लेकर कलकत्ता तक गंगा नदी को स्वच्छ बनाने की योजना बनी थी। इस योजना के अंतर्गत उत्तर प्रदेश, बिहार तथा पश्चिमी बंगाल में जितनी लघु योजनाएँ सम्मिलित हुईं तथा जितना धन व्यय हुआ, उसका लेखा-जोखा इस प्रकार है—

उत्तर प्रदेश	106 योजनाएँ	153.68 करोड़ रुपए
बिहार	45 योजनाएँ	48.04 करोड़ रुपए
पश्चिमी बंगाल	110 योजनाएँ	160.00 करोड़ रुपए
	261 योजनाएँ	361.72 करोड़ रुपए

उत्तर प्रदेश में कानपुर, इलाहाबाद तथा वाराणसी में गंगा को स्वच्छ बनाने के लिए काफी कार्य किया गया। ऋषिकेश, हरिद्वार तथा इलाहाबाद में गंगाजल एक सीमा तक स्वच्छ बन गया है। इन प्रयत्नों के फलस्वरूप BOD घटकर 2-8 मिग्रा./ली. हो गया है और DO बढ़कर 5-10 मिग्रा./ली. हो गया है। वाराणसी में नदी के बहाव की उलटी दिशा में 1986 में DO का मान 5.6 था जो मई 1991 में सुधरकर 7.5 हो गया। इतना ही नहीं, गंगा में प्रदूषण-भार कानपुर में 18% है, किंतु इलाहाबाद में 4% तथा वाराणसी में 5% है।

केंद्रीय प्रदूषण नियंत्रण बोर्ड के अनुसार नदी-जल का मूल्यांकन पाँच श्रेणियों में किया जाता है।

श्रेणी ए = क्लोरीनीकरण के बाद पीने योग्य जल।

श्रेणी बी = स्नान के योग्य।

श्रेणी सी = उपचार के बाद पीने योग्य।

श्रेणी डी = जलीय प्राणियों के लिए उपयुक्त।

श्रेणी ई = अपशिष्ट बहाने योग्य।

हरिद्वार के बाद गंगा नदी का जल अधिकांशतया सी या डी श्रेणी का था। इसे सुधारकर बी श्रेणी में लाना था।

नदी प्रदूषण के लिए कौन जिम्मेदार है ?

यद्यपि नदी-जल के प्रदूषण में उद्योगों की सबसे अधिक भागेदारी है, किंतु नदियों में मल-मूत्र बहाने तथा पशुओं को स्नान कराने आदि से भी प्रदूषण बढ़ा है। गंगा को पवित्र मानकर उसमें लाशें बहाने या अस्थि-विसर्जन करने, नदी के किनारे शौच जाने आदि से प्रदूषण बढ़ा है। फिर सिंचाई के लिए नदी जल का प्रयोग होने से नदी के प्रवाह में कमी आती है। बनारस में मणिकर्णिका घाट पर शवों के दाह अथवा प्रवाह से गंगाजल अत्यधिक प्रदूषित है।

इसी तरह माघ में स्नान के समय या कुंभ मेले के समय इलाहाबाद में गंगा नदी अत्यधिक प्रदूषित हो जाती है।

सारणी 5.1 **भारत की नदियों के मुख्य प्रदूषण स्रोत**

उत्तर प्रदेश	1. यमुना (दिल्ली)—डी.डी.पी., ताप बिजली स्टेशन, नगरीय मल-जल।
	2. गंगा नदी (कानपुर)—जूट, रसायन, धातु, नगरीय मल-जल, चिकित्सीय यंत्र, चर्म, कपड़ा मिलें।
	3. काली (मेरठ)—शक्कर, शराब, पेंट, साबुन, रेयान, रेशम, सूत, टिन, ग्लिसरीन।
	4. गोमती (लखनऊ)—कागज, लुगदी, नगरीय मल-जल।
	5. दजोरा (बरेली)—रबड़।
पश्चिम बंगाल	6. दामोदर (बोकारो)—खाद, स्टील, कोयला खान, ताप।
	7. हुगली (कलकत्ता)—ताप बिजली स्टेशन, कागज, जूट, कपड़ा, रसायन, पेंट, वार्निश, धातु, इस्पात, रेयान, पालीथीन, नगरीय मल-जल।
बिहार	8. सोन [डालमिया नगर तथा शहडोल (म.प्र.)]—सीमेंट तथा कागज
	9. सीवान—कागज, गंधक, सीमेंट, शक्कर।
कर्नाटक	10. भद्रा—कागज, इस्पात।
तमिलनाडु	11. कूम (मद्रास)—बंकिगम नहर, मोटरगाड़ी वर्कशाप, नगरीय मल-जल।
महाराष्ट्र	12. काली (कल्याण)—रसायन, रेयान, चर्म।
मध्य प्रदेश	13. नर्मदा—कृषि, खाद, कागज।
	14. शिप्रा (इंदौर, उज्जैन)—रासायनिक पदार्थ, मल-जल, वस्त्र मिल।
	15. पार्वती (सीहोर)—शक्कर।
	16. चंबल—रेयन मिल, कास्टिक सोडा।
	17. बेतवा—स्ट्राबोर्ड मिल।
	18. इंद्रावती (बैलाडीला)—लौह अयस्क।
	19. ताप्ती—न्यूजप्रिंट पेपर मिल।

विश्व स्वास्थ्य संघटन के स्वास्थ्य एवं पर्यावरण आयोग ने भारतीय नदियों के दुरुपयोग से उत्पन्न प्रदूषण और शहरों में आवश्यक सीवर प्रणाली के अभाव की ओर ध्यान आकृष्ट किया है। आयोग के अनुसार, भारत के 3,119 शहरों तथा कस्बों में से केवल 209 में आंशिक सीवर प्रणाली तथा मल-जल उपचार की सुविधाएँ हैं। अभी केवल 8 बड़े नगरों में पूरी सुविधाएँ हैं।

अकेले गंगा नदी में 114 शहरों का (50 हजार जनसंख्या से अधिक) मल-जल बहाया जाता है।

जो उद्योग इस नदी में अपना तरल अपशिष्ट प्रवाहित करते हैं उनमें डी.डी.टी. फैक्टरियाँ, चर्मशोधक कारखाने, लुगदी तथा कागज की मिलें, पेट्रोरसायन तथा उर्वरक कारखाने एवं रबर फैक्टरियाँ प्रमुख हैं।

ऐसा अनुमान है कि यमुना नदी जब दिल्ली से होकर गुजरती है तो उसमें प्रतिदिन 2,000 लाख लीटर अनुपचारित मल-जल मिलता है। भारत की अन्य नदियों के प्रदूषण के लिए जिम्मेदार विभिन्न उद्योगों का उल्लेख सारणी 5.1 में किया गया है। तात्पर्य यह है कि उद्योगों ने नदी-जल को विषाक्त बनाने में कसर नहीं छोड़ी है।

कलकत्ता में 30 लाख लोग झुग्गी-झोंपड़ियों में रहते हैं, जिन्हें पेयजल नहीं मिलता है। हर वर्ष वे बाढ़ से पीड़ित होते हैं। वहाँ मनुष्य मल को हटाने की कोई व्यवस्था नहीं है। मल-जल प्रणाली केवल मध्य भाग के एक-तिहाई तक सीमित है।

इस तरह भारत की अधिकांश छोटी-बड़ी नदियाँ प्रदूषित हो चुकी हैं और यदि अभी से कारगर उपाय नहीं किए जाते तो जो बची हैं, औद्योगिक प्रगति के कारण वे भविष्य में प्रदूषित होने से बच नहीं पाएँगी।

नदी-जल का प्रदूषण प्रवहमान होने के कारण पूरे नदी-क्षेत्र को प्रभावित कर सकता है, अतएव जिन स्थानों में प्रदूषण हो रहा हो वहीं उसकी रोकथाम करने से आगे के स्थान प्रदूषित होने से बच सकेंगे।

6

जल में फ्लोराइड तथा नाइट्रेट

विश्व के करोड़ों लोग नाइट्रेट और फ्लोराइड के दुष्प्रभाव से पीड़ित हैं। राष्ट्रीय पेयजल मिशन ने भी इस विषय को गंभीरता से लिया है। भारतीय आयुर्विज्ञान संस्थान, नई दिल्ली के अंतर्गत एक फ्लोरोसिस नियंत्रण प्रकोष्ठ भी इस समस्या के समाधान हेतु कार्यरत है।

जल में फ्लोराइड

फ्लोरीन हेलोजन समूह का प्रथम सदस्य है और प्रकृति में अत्यधिक क्रियाशीलता के कारण मुक्त अवस्था में प्राप्त न होकर फ्लोराइड के रूप में पाया जाता है। पृथ्वी की परत में बहुतायत से पाए जानेवाले तत्त्वों में इसका स्थान 17वाँ है और यह क्लोरीन से अधिक मात्रा में (0.032 प्रतिशत) उपलब्ध है। अपने विशेष गुणों के कारण इसका अत्यंत महत्त्वपूर्ण स्थान है। यह अत्यंत क्रियाशील ऋणायन (F^-) है जो अस्थियों में सीधे प्रवेश करके हड्डियों और दाँतों की क्रियाओं और विकास को प्रभावित करता है।

फ्लोरीन अत्यधिक क्रियाशीलता के कारण कुछ औद्योगिक विधियों में गैसीय अवस्था में तत्त्व के रूप में पाए जाने के अतिरिक्त सभी जगह प्रकृति में फ्लोराइड के रूप में बहुतायत से पाया जाता है। प्रकृति में यह विभिन्न मात्राओं में वायु, जल, मिट्टी, सब्जियों, समुद्री पदार्थों, मनुष्य और पशुओं के तंतुओं में पाया जाता है। प्रकृति में प्रमुखतः यह तीन अयस्कों के रूप में पाया जाता है—

फ्लोरस्पार CaF_2 (चूने व बालू की चट्टानों में)
क्रायोलाईट Na_3AlF_6 (ग्रेनाइट चट्टानों में)
फ्लोरएपाटाइट $3Ca_3 (PO_4)_2 Ca (F.Cl)_2$

ये फ्लोराइड के अयस्क जल में प्रायः अघुलनशील हैं, परंतु कुछ भू-गर्भीय परिस्थितियों में जल में घुलनशील हैं। समुद्री जल में भी इसकी

पर्याप्त मात्रा (0.8-1.4 पी.पी.एम.) पाई गई है जो जलीय जीवों के लिए आवश्यक है।

स्वास्थ्य संघटनों द्वारा उचित मात्रा में फ्लोराइड ग्रहण करना मनुष्य के दाँतों के लिए लाभदायक बताया गया है, परंतु अत्यधिक मात्रा में इसका सेवन फ्लोरोसिस या फ्लोराइड टाक्सीकोसिस रोगों का कारण है। स्वस्थ दाँतों के इनैमिल के निर्माण के लिए फ्लोराइड की 1 पी.पी.एम. तक की मात्रा एक आवश्यक पदार्थ के रूप में अनुमोदित की गई है। (विभिन्न स्वास्थ्य संघटनों द्वारा इसकी निर्धारित मात्रा परिशिष्ट में देखिए।)

भारतीय जल में फ्लोराइड की मात्रा

सन् 1933 में भारतवर्ष के मद्रास नगर में सर्वप्रथम इस रोग के लक्षण मनुष्य के दाँतों में पाए गए थे। इससे मिलते-जुलते लक्षण पुरानी हैदराबाद स्टेट के पशुओं में वर्ष 1934 में भी बताए गए थे। शार्ट (1937) ने सर्वप्रथम दाँतों व हड्डियों की बीमारियों के लक्षणों को फ्लोरोसिस रोग के अंतर्गत रखा। तदुपरांत देश के विभिन्न भागों से फ्लोरोसिस रोग से पीड़ितों की सूचनाएँ मिलीं।

सतही जल के सर्वेक्षण के अंतर्गत दक्षिण भारत के गोदावरी और ताम्रपर्णी नदियों की तली में 3 पी.पी.एम. तक फ्लोराइड पाया गया। देश के 2.5 करोड़ लोग 13 प्रांतों/केंद्र शासित प्रदेशों में इस रोग से पीड़ित पाए गए हैं। ये प्रदेश हैं—दिल्ली, पंजाब, हरियाणा, उत्तर प्रदेश, बिहार, राजस्थान, गुजरात, मध्य प्रदेश, उड़ीसा, महाराष्ट्र, आंध्र प्रदेश, कर्नाटक और तमिलनाडु। अकेले राजस्थान में लगभग 35 लाख लोग [भारतीय आयुर्विज्ञान अनुसंधान संस्थान (1982) के सर्वेक्षण के अनुसार] इस रोग के कारण विकलांग पाए गए हैं। दशक के प्रारंभ में राजस्थान के लगभग 6,000 गाँवों में अत्यधिक फ्लोराइड युक्त जल के सेवन से दाँतों और हड्डियों की फ्लोरोसिस से अनेक लोग पीड़ित हैं। रक्षा प्रयोगशाला, जोधपुर ने पिछले 25 वर्षों में राजस्थान के मरुस्थलीय क्षेत्रों के जल का विश्लेषण किया है और जल गुणवत्ता जाँच पर आधारित मानचित्र बनाए हैं।

पेयजल के अतिरिक्त फ्लोराइड युक्त जल में उगाए गए खाद्य पदार्थों के माध्यम से भी फ्लोराइड शरीर में प्रवेश करता है। आंध्र प्रदेश के नालगोंडा

और प्रशासित जिलों में तथा पश्चिमी राजस्थान के मरुक्षेत्रों में पैदा किए जानेवाले अनेक अनाजों, दालों तथा अन्य खाद्य पदार्थों में फ्लोराइड की मात्रा 80 पी.पी.एम. तक पाई गई है। इसके अतिरिक्त कुछ विशेष प्रकार की चाय की पत्तियों में भी फ्लोराइड की मात्रा 80-170 पी.पी.एम. तक ज्ञात की गई है।

शरीर से मल, मूत्र, पसीना और अन्य शारीरिक द्रव्यों के माध्यम से फ्लोराइड निष्कासित होता है। औसतन अधिक फ्लोराइड क्षेत्र में रहनेवाले लोगों के शरीर से मुख्यतया मूत्र के साथ 5 पी.पी.एम तक फ्लोराइड प्रतिदिन निष्कासित होता है। रक्षा प्रयोगशाला, जोधपुर द्वारा थार मरुस्थल में रहनेवाले निवासियों के विस्तृत अध्ययन से मूत्र में फ्लोराइड की मात्रा लगभग 9.2 पी.पी.एम. तक पाई गई है। आहार के आधार पर मनुष्य के मल में कुल ग्रहीत फ्लोराइड की मात्रा का 10-30 प्रतिशत मल के साथ और 50 प्रतिशत पसीने के रूप में उष्ण वातावरण में निष्कासित हो सकता है।

जल में नाइट्रेट

भौम जल में उपलब्ध अन्य लवणों की भाँति नाइट्रेट के लवण प्रमुखतया चट्टानों से नहीं आते बल्कि वे भूगत जल में पृथ्वी के भौम जलीय व जैवमंडलीय नाइट्रोजन-चक्र के माध्यम से प्रवेश करते हैं। भौम जल में नाइट्रोजन यौगिक मुख्यतः नाइट्रेट, नाइट्राइट और अमोनिया के रूप में मिलते हैं। जल के विश्लेषण में इनका आकलन जटिल आयन के रूप में या नाइट्रोजन अणु के रूप में किया जाता है। 1 पी.पी.एम. नाइट्रोजन 4.5 पी.पी.एम. नाइट्रेट के तुल्य होता है।

भूमि में नाइट्रोजन अनेक स्रोतों से प्रवेश करती है। कुछ पौधे जैसे अल्फा-अल्फा और दलहनी पौधे (Legumes) वायुमंडल से सीधे नाइट्रोजन का यौगिकीकरण करते हैं और तब वह इन पौधों के माध्यम से मिट्टी में प्रवेश करती है। यह नाइट्रोजन पौधों द्वारा ग्रहण कर ली जाती है, परंतु बची हुई नाइट्रोजन जल में घुलकर मिट्टी द्वारा अवशोषित होकर अंततः भौम जल में मिल जाती है। मृदा नाइट्रोजन के अन्य स्रोतों में सड़े-गले पौधे, पशु-अवशेष और नाइट्रेटयुक्त उर्वरक सम्मिलित हैं। इसके अतिरिक्त जल-मल उनके संग्रह क्षेत्रों से भूमि में रिसकर भौम जल को प्रदूषित करते हैं।

कुछ उद्योगों से प्रवाहित जल में उपलब्ध नाइट्रोजन युक्त रसायन भी भौम जल के प्रदूषण के कारण हैं। प्रायः प्राकृतिक भौम जल में नाइट्रेट की मात्रा 0.1 से 10 पी.पी.एम. तक पाई गई है।

हमारे देश में राजस्थान, गुजरात, महाराष्ट्र, आंध्र प्रदेश और उत्तर प्रदेश के अनेक नगरों में नाइट्रेट की मात्रा निर्धारित सीमा से अधिक सूचित की गई है। राजस्थान, गुजरात और आंध्र प्रदेश के अनेक भौम जल-स्रोतों में इसकी मात्रा सैकड़ों पी.पी.एम. तक सूचित की गई है।

भौम जल स्रोतों में नाइट्रेट की अधिक मात्रा चिंता का विषय है। पेयजल में नाइट्रेट की मात्रा 45 पी.पी.एम से अधिक वांछनीय नहीं है; क्योंकि इससे छोटे-छोटे बच्चों में **मेटहीमोग्लोबैनीमिया** या **साइनोसिस** या **बच्चोंवाला नीला** रोग हो जाता है। इससे बच्चों की त्वचा हलके नीले रंग की हो जाती है। नाइट्रेट सेकंडरी ऐमीन से क्रिया करके नाइट्रोसामीन नामक विषैले यौगिक बनाते हैं जो संभवतया कैंसरजनी हैं। पशुओं में इन रोगों की प्रबल संभावना होती है। दूध देनेवाले पशुओं के दुग्ध उत्पादन में कमी और गायों के गर्भ का गिर जाना नाइट्रेट के दुष्प्रभाव के दो प्रमुख लक्षण हैं। वस्तुतः नाइट्रेट स्वयं में इतना अधिक हानिकारक नहीं है परंतु जब यह जल या भोजन के द्वारा शरीर में प्रवेश करता है तो मुख और आँतों में उपस्थित जीवाणुओं द्वारा नाइट्राइट में परिवर्तित कर दिया जाता है। नाइट्राइट एक प्रबल ऑक्सीकारक है जो हीमोग्लोबिन में उपलब्ध लौह को फेरस से फेरिक में बदल देता है जिसके फलस्वरूप हीमोग्लोबिन अपनी ऑक्सीजन ग्रहण करने की क्षमता खो देता है। यद्यपि पशुओं में कैंसर पैदा करनेवाले 100 नाइट्रोसामीन यौगिक पाए गए हैं; परंतु मनुष्यों पर किए गए इस विषय पर अध्ययनों से निश्चित निर्णय नहीं निकल पाया है।

विश्व स्वास्थ्य संघटन ने पेयजल में नाइट्रेट की अधिकतम मात्रा 45 पी.पी.एम. तक निश्चित की है, जो 10 पी.पी.एम. नाइट्रोजन के तुल्य है। जल में 20 पी.पी.एम. नाइट्रोजन या 90 पी.पी.एम. नाइट्रेट की मात्रा बच्चों के लिए हानिकारक मानी गई है यद्यपि भारतीय आयुर्विज्ञान अनुसंधान परिषद् तथा अन्य संघटनों ने वयस्कों के लिए पेयजल में इसकी अधिकतम मात्रा 100 पी.पी.एम. तक निश्चित की है। जल से नाइट्रेट की मात्रा उबालकर दूर नहीं की जा सकती है। इसे दूर करने के लिए जल का निर्लवणीकरण या आसवन

करना आवश्यक है। एक प्रमुख बात ध्यान देने योग्य यह है कि भौम जल में अत्यधिक नाइट्रेट की मात्रा मल-जल प्रदूषण का द्योतक है जिसमें नाइट्रेट के अतिरिक्त फ्लोराइड भी अधिक मात्रा में होता है। अतः अनायास नाइट्रेट के साथ फ्लोराइड का भौम जल में बढ़ जाना मल-जल प्रदूषण का अधिक स्पष्ट सूचक है।

7

जल प्रदूषण के दुष्प्रभाव

जल प्रदूषण का प्रभाव मनुष्यों, पशुओं तथा पौधों पर समान रूप से पड़ता है। सभी प्रकार के प्रभावों को हम छः वर्गों में रख सकते हैं।

(1) मानव तथा पशु स्वास्थ्य पर पड़नेवाले प्रभाव—इसके अंतर्गत जलवाहित रोग तथा भारी धातुओं जैसे नाइट्रेट, फ्लोराइड आदि से होनेवाली बीमारियाँ मुख्य हैं।

जलवाहित रोगों की चर्चा अध्याय 11 में की गई है। जल में भारी धातुओं, नाइट्रेट, फ्लोराइड या कार्बनिक यौगिकों की उपस्थिति से उत्पन्न होनेवाले रोग सारणी 7.1 में दिए गए हैं।

(2) मनोरंजन स्थानों की क्षति—जब समुद्री किनारों पर दुर्गंध बढ़ जाती है, जीवाणुओं में वृद्धि हो जाती है और विषैले पदार्थों की मात्रा बढ़ जाती है तो उन्हें मनोरंजन कार्यों के लिए बंद कर दिया जाता है। समुद्र में तेल एवं ठोस अपशिष्ट तैरने पर भी समुद्री किनारे मनोरंजन कार्यों के लिए बंद कर दिए जाते हैं। पारद प्रदूषण या PCB प्रदूषण होने पर मछली मारने की मनाही कर दी जाती है।

(3) जल-जीवों के जीवन पर प्रभाव— जल प्रदूषण से मछलियाँ विशेष रूप से प्रभावित होती हैं। जापान की मिनिमाता खाड़ी की दुर्घटना इसका सबसे बड़ा प्रमाण है।

(4) थलीय जीवों के जीवन पर प्रभाव—स्थल या मृदा प्रदूषण से मनुष्यों को तरह-तरह के कष्टों का सामनां करना पड़ता है। कीटनाशियों, डिटरजेंटों एवं उर्वरकों का पर्यावरण प्रदूषण पर बुरा प्रभाव पड़ता है।

(5) भौम जल—प्रदूषण से शहरी जल आपूर्ति बुरी तरह प्रभावित होती है।

(6) गाद भरना या सिल्टेशन—घरेलू तथा औद्योगिक अपशिष्ट को बिना उपचार के ही नदियों में प्रवाहित करने से गाद भरण या सिल्टेशन

(Siltation) को बढ़ावा मिलता है। किंतु मुख्यतः भूमि के अपरदन से जो गाद तथा मृत्तिका बहकर जलस्रोतों में मिलती है उससे बाँधों का पटाव होने लगता है और नदियों में सहसा बाढ़ें भी आती रहती हैं।

सारणी 7.1

विभिन्न प्रदूषकों से उत्पन्न रोग

1. यकृत को प्रभावित करनेवाले	Se, Ni, कार्बन टेट्राक्लोराइड, क्लोरिनेटीकृत फीनाल
2. गुर्दे को प्रभावित करनेवाले	Li, Pb, Sr, Se, Ni, Cd, एथिलीन ग्लाइकाल
3. तंत्रिकातंत्र को प्रभावित करनेवाले	Hg, Sr, Mn, Pb, Cd
4. फ्लोरोसिस उत्पन्न करनेवाले	F^-
5. मेटहीमोग्लोबिन ऐनीमिया उत्पन्न करनेवाले	NO_2^- तथा NO_3^-
6. हृदय को प्रभावित करनेवाले	Be, Cd, Cr, Se, Mn
7. कैंसर उत्पन्न करनेवाले	(i) Cr, Ni, Be, (ii) डी.डी.टी., एल्ड्रिन, क्लोरडेन जैसे पेस्टीसाइड (iii) पालीक्लोरिनेटेड बाइफेनिल (PCB), ट्रायजिन, पालीविनाइल क्लोराइड, बेंजीन, क्लोरोफार्म, ब्रोमोफार्म (iv) अलकतरा, पेट्रोलियम (v) नाइट्रेट, नाइट्रोसैमिन

उपर्युक्त क्षतियाँ, हानियाँ या दुष्प्रभाव हमें बाध्य करते हैं कि हम कम-से-कम जल प्रदूषण होने दें और सोच-समझकर प्रदूषित जल का इस्तेमाल करें। विशेषतया पीने, स्नान करने तथा भोजन बनाने के लिए प्रदूषित जल का इस्तेमाल नहीं ही किया जाए। उद्योगों में भी प्रदूषित जल उपयोगी

नहीं होगा। कृषि में सिंचाई करने के लिए अत्यधिक प्रदूषित जल व्यर्थ सिद्ध होगा।

पेयजल के रूप में प्रदूषित जल बहुत बड़ी जनसंख्या को प्रभावित करता है।

जलाशयों, नदियों, झीलों तथा सागरों में रहनेवाले जलचर जल में उपस्थित प्रदूषकों को अपने शरीर में संचित करके भोजन-शृंखला में उनकी सांद्रता बढ़ाकर मानव स्वास्थ्य को प्रभावित कर सकते हैं। मछली इसका सर्वश्रेष्ठ उदाहरण है।

चाहे कार्बनिक यौगिक हों या अकार्बनिक यौगिक, जल में अधिक मात्रा में रहने पर वे **विषाक्तता** उत्पन्न करते हैं। यह विषाक्तता प्रायः कैंसर जैसे भीषण रोग अथवा विरूपण जैसी शारीरिक अक्षमता को जन्म देती है। जैसाकि ऊपर कहा जा चुका है, अनेक तत्त्व या यौगिक कैंसरजनी (Carcinogenic) हैं। इनमें आर्सेनिक, क्रोमियम, लेड, कैडमियम तथा निकेल धातुएँ उल्लेखनीय हैं। इसी तरह ऐल्ड्रिन, क्लोरोफार्म, डी.डी.टी., पी.सी.बी. आदि कार्बनिक यौगिक भी कैंसरजनी हैं। ये सारी धातुएँ एवं यौगिक औद्योगिक प्रदूषण की देन हैं। औद्योगिक क्षेत्रों में इसीलिए विशेष सतर्कता की आवश्यकता है। जलचरों के लिए कैडमियम, क्रोमियम, ऐल्ड्रिन, बेंजीन तथा फीनाल घातक हैं। पालतू पशुओं तथा पौधों के लिए सीसा तथा आर्सेनिक हानिकर हैं। ऐसा पाया गया है कि डी.डी.टी के दुष्प्रभाव से मुरगियों के अंडे पतले पड़ जाते हैं।

(7) सुपोषण (Eutrophication)–जलीय तंत्र के दो वर्ग हैं—अल्पपोषी या मितपोषी (Oligotrophic) तथा सुपोषी (Eutrophic)।

जिन जलाशयों में पोषक, विशेषतया नाइट्रोजन तथा फास्फोरस कम मात्रा में होते हैं वे **अल्पपोषी** कहलाते हैं। इनमें प्रकाश संश्लेषण द्वारा कार्बनिक पदार्थ का उत्पादन कम हो पाता है। इसके विपरीत सुपोषी जलाशय हैं जिनमें पोषक तत्त्वों की बहुलता होती है और नाइट्रोजन तथा फास्फोरस की उच्च सांद्रता होने से प्लैंकटन की सघनता अधिक होती है। ऐसे जलाशय सामान्यतया गँदले होते हैं और झीलें तथा समुद्री तट गहराई तक ऑक्सीजन से विहीन हो सकते हैं। सुपोषण से जलीय वनस्पति तथा 'ऐल्गल ब्लूम' में वृद्धि हो जाती है। अधिक वृद्धि होने पर मछलियाँ मरने लगती हैं।

ऑक्सीजन की मात्रा कम होने तथा गँदलेपन से सूर्य का प्रकाश नीचे तक न पहुँचने से ही मछलियाँ मरती हैं। कुछ 'ऐल्गल ब्लूम' विषैले पदार्थ उत्पन्न करते हैं जिनसे मछलियाँ, पालतू पशु तथा पक्षी मरने लगते हैं और पानी कम होने लगता है। सुपोषण उच्च जैविक उत्पादकता है जो जलीय तंत्र में नाइट्रेट, फास्फेट जैसे पोषकों के वर्धित निवेश से या कार्बनिक पदार्थों की अधिकता के कारण उत्पन्न होती है। झीलों में जैविक सक्रियता के कारण झील का आयतन घट जाता है और कार्बनिक अवशेषों का संचय होने लगता है।

प्राकृतिक सुपोषण अत्यंत मंद गति से (सैकड़ों वर्षों में) होता है और कार्बनिक पदार्थ से जलाशयों के भर जाने से उत्पन्न होता है जबकि संवर्धनीय सुपोषण मानव हस्तक्षेप के कारण उत्पन्न होता है। इसमें मल-जल, कृषि तथा उद्योग महत्त्वपूर्ण योगदान करते हैं—जिनके कारण अधिक पोषक तथा कार्बनिक पदार्थ जलाशयों में मिलते रहते हैं।

प्राकृतिक झीलों में प्रतिवर्ष प्रतिवर्ग मीटर से 75-250 ग्राम कार्बन प्राप्त होता है जबकि सुपोषी झीलों में यही मात्रा 75-750 ग्राम तक होती है। इस तरह के जलीय तंत्र की पेंदी या तली में ऑक्सीजन की सांद्रता घटकर अत्यंत न्यून हो जाती है। गरमियों में यह मात्रा और भी घटकर 1 मिग्रा./ली. तक हो जाती है; किंतु जैसाकि पहले कहा जा चुका है, विलयित ऑक्सीजन की सांद्रता 5 मिग्रा./ली. होनी चाहिए। कश्मीर की डल झील सुपोषण की शिकार बन चुकी है।

प्राकृतिक सुपोषण की दर में वृद्धि का कारण पोषक, कार्बनिक पदार्थ तथा मानवीय गतिविधियाँ हैं। अतः यदि पोषक पदार्थ तथा कार्बनिक पदार्थ की पूर्ति कम कर दी जाए तो सुपोषण में कमी आएगी। अमेरिका की ग्रेट लेक्स में सुपोषण को कम करने के लिए 1970 ई. में नियम पारित हुआ था।

आज नदियों द्वारा समुद्रों में ले जाए गए कार्बनिक पदार्थ की मात्रा मनुष्य के विकास के पूर्व की मात्रा से दोगुनी है और नाइट्रोजन तथा फास्फोरस की भी मात्रा दोगुनी से अधिक है। सुपोषण की पहचान है बदबू या दुर्गंध जिससे मनोरंजन में बाधा पड़ती है।

(8) अम्ल वर्षा—शुद्ध वर्षा जल में कार्बन डाईऑक्साइड गैस घुली रहती है जिससे वह पूर्णतया उदासीन न होकर कुछ-कुछ अम्लीय (पीएच 4-6) होता है; किंतु वायुमंडल में प्राप्य (औद्योगिक प्रदूषण के कारण)

सल्फ्यूरिक अम्ल, नाइट्रिक अम्ल तथा कभी-कभी हाइड्रोक्लोरिक अम्ल मिलने से वर्षा जल पूर्णतया अम्लीय (पीएच 4-5) हो जाता है। वायुमंडल से भूमि पर गिरनेवाले ऐसे अम्लीय जल की वर्षा **अम्ल वर्षा** (Acid rain) कहलाती है। वस्तुतः कोयला जलाने से गंधक तथा नाइट्रोजन के ऑक्साइड उत्पन्न होकर वायुमंडल को प्रदूषित करते हैं। अम्ल वर्षा से कई प्रकार के प्रभाव उत्पन्न हो सकते हैं—

(1) पारिस्थितिकी तंत्र का ह्रास,

(2) बाइकार्बोनेट क्षति,

(3) अम्लता वृद्धि,

(4) पारिस्थितिकी तंत्र में भारी धातुओं की बढ़ोतरी।

अम्ल वर्षा से वनों का विनाश, मछलियों की मृत्यु तथा भूमि का अम्लीकरण होता है। सबसे बुरा प्रभाव जल में रहनेवाली (झीलों में विशेष रूप से) मछलियों पर और मिट्टी पर पड़ता है। यदि अम्लता अधिक बढ़ जाती है (पीएच 5.5 से नीचे) तो मछलियों, जैविक सक्रियता तथा पोषण-शृंखला पर प्रभाव पड़ता है। अम्ल वर्षा से मिट्टियाँ अम्लीय बनती हैं किंतु इस अम्लता को चूना डालकर दूर किया जा सकता है। पर जल के जीवों को जो क्षति पहुँचती है उसे सरलता से ठीक नहीं किया जा सकता। अम्ल वर्षा से वनों के विनाश को रोकने में नवीन तकनीकें ही लाभप्रद सिद्ध हो सकती हैं। पहले अम्ल वर्षा से योरोपीय देशों, विशेषतया स्वीडन तथा जर्मनी को विशेष क्षति (मछली तथा वन विनाश के रूप में) पहुँचती थी, किंतु अब तो एशियाई देशों में, विशेषतया चीन के ताप बिजलीघरों से निकलनेवाली सल्फर डाइऑक्साइड से, जापान के ऊपर अम्ल वर्षा होने का अनुमान है। लगभग 6 लाख टन गंधक प्रतिवर्ष जापानी क्षेत्र में वर्षा द्वारा गिरता है।

(9) हरितगृह गैसें—यह देखा गया है कि इस समय कार्बन डाइऑक्साइड (CO_2) की जो अधिक मात्रा निकल रही है उससे जल-मंडल अधिक प्रभावित हुआ है। पहले समुद्र से कार्बन डाइऑक्साइड (CO_2) वायुमंडल में जाती थी और वनस्पति उसे ग्रहण करती थी; किंतु अधिक कार्बन डाइऑक्साइड (CO_2) उत्पादन से यह चक्र उलट गया है और अब समुद्र इसका मुख्य कुंड (Sink) बन गया है। संप्रति समुद्रों को प्रतिवर्ष 2,340 मिलियन टन कार्बन डाइऑक्साइड प्राप्त हो रही है और इस तरह जो

अभिक्रिया होती है वह है—

$$CO_2 + H_2O + CO_3^{-2} = 2HCO_3^-$$

इससे सतही समुद्री जल का पीएच घट रहा है। यद्यपि अभी तक ऐसी कमी देखी नहीं गई किंतु भविष्य में ऐसा हो सकता है। अनुमान के अनुसार 2030-50 ई. तक 1.5° से 5° तक ताप में वृद्धि संभव है। यह ताप वृद्धि ध्रुवों में विषुवत् रेखा की अपेक्षा 3-4 गुनी होगी और आर्कटिक में अंटार्कटिका की अपेक्षा अधिक होगी। इस तरह 21वीं शती में 1700 ई. की अपेक्षा दोगुनी से अधिक कार्बन डाइऑक्साइड हो सकती है। इससे वर्षा की मात्रा प्रभावित हो सकेगी और ग्रीष्म ऋतुएँ अधिक सूखी होंगी। यही नहीं, ग्रीनलैंड तथा अंटार्कटिका की बर्फ पिघलने से अगली सदी में समुद्र-तल 70 सेंमी. ऊपर उठ सकता है। अनुमान है कि यदि अंटार्कटिका की पूरी बर्फ पिघल जाए तो 5-6 मीटर तक जल-स्तर ऊपर उठ जाएगा। एक मीटर जल स्तर उठने का अर्थ होगा बंगला देश डूब जाएगा। यही नहीं, कृषिभूमि जल-प्लावित हो सकती है।

8
जल का परीक्षण

जल के गुणों का सुव्यवस्थित ढंग से परीक्षण करना ही **जल परीक्षण** है। यह परीक्षण तीन वर्गों में विभाजित हो सकता है—भौतिक, रासायनिक तथा जैविक।

गँदलापन, रंग, स्वाद, गंध, तापमान, आदि जल के भौतिक गुणों का परीक्षण '**भौतिक परीक्षण**' है। कुल ठोस पदार्थ, अम्लता, क्षारता, क्लोराइड, नाइट्रोजन, लोहा, मैंगनीज तथा अन्य विषैली धातुओं की उपस्थिति को जानने के लिए किए जानेवाले परीक्षण **रासायनिक परीक्षण** हैं। **जैविक परीक्षण** में बी.ओ.डी., बी. कोलाइ, प्लवक आदि के लिए परीक्षण किए जाते हैं।

जल परीक्षण के लिए सर्वप्रथम उसके नमूने लिये जाते हैं। ये नमूने ऐसे होने चाहिए जो जल की सही स्थिति तथा गुणों का प्रतिनिधित्व करनेवाले हों।

जल के नमूनें को एकत्र करने की विधियाँ एवं सावधानियाँ परीक्षण विशेष पर निर्भर करती हैं। भौतिक तथा रासायनिक परीक्षणों के लिए अच्छी तरह से साफ की गई बोतलें, जिनके ढक्कन भी काँच के हों तथा जिनकी धारिता कम-से-कम दो लीटर हो, ली जाती हैं। बोतलों की सफाई सल्फ्यूरिक अम्ल, पोटैशियम डाइक्रोमेट या क्षारीय पोटैशियम परमैंगनेट का प्रयोग करके बाद में स्वच्छ या आसुत जल से धोकर की जाती है। नमूना भरने के बाद बोतलों के ढक्कन बंद कर देते हैं। **जैविक परीक्षण** के लिए जल के नमूनों को स्वच्छ तथा विसंक्रमित बड़े मुँहवाली बोतलों में, जिनकी धारिता 2-4 औंस तक हो, भरा जाता है। यदि जल का नमूना किसी हैंड पंप से लेना पड़े तो पंप के मुँह को दो मिनट तक अग्नि की लौ से विसंक्रमित कर लिया जाता है। यदि कुएँ से नमूना भरना है तो बोतल के मुँह को अग्नि की लौ से गरम करने के बाद धातु की जंजीर से नीचे लटकाकर नमूना लिया जाता है। झरने, तालाब, नदी या बावड़ी आदि से नमूने लेते समय बोतल को जल में डुबो देते हैं जिससे हाथ से छू जानेवाला जल बोतल के अंदर न जाए। यदि जल में

अवशिष्ट क्लोरीन हो तो उसे क्लोरीननाशक पदार्थों की सहायता से यथा—सोडियम थायोसल्फेट (हाइपो) से, उदासीन कर लेते हैं। बोतलों में नमूने का जल भरने के बाद उन्हें विसंक्रमित कागज से लपेटकर तुरंत ही प्रयोगशाला में परीक्षणार्थ ले आया जाता है।

विविध परीक्षण

भौतिक परीक्षण

(1) **ताप**—यह सामान्य तापदर्शक नलिकाओं की सहायता से नापा जाता है। धरातलीय स्रोतों से प्राप्त जल का ताप वस्तुतः वायुमंडल के ताप के तुल्य रहता है, किंतु भौम जल का ताप कम या ज्यादा हो सकता है। यदि 26° सें (80°F) से अधिक ताप हो तो जल में स्वाद नहीं रह जाता। जीवाणुओं की वृद्धि में ताप का बहुत बड़ा हाथ रहता है।

(2) **गँदलापन**—इसको पी.पी.एम. (अंश प्रति दस लक्षांश) में व्यक्त किया जाता है। 10 पी.पी.एम. का अर्थ होगा प्रति दस लाख पौंड जल (एक लाख गैलन) में गँदले पदार्थों का भार 10 पौंड है।

गँदलेपन का मापन 0.5 मी. लंबी एल्युमिनियम पट्टी द्वारा किया जाता है। इस पट्टी के निचले सिरे पर प्लैटिनम से आच्छादित सुई जुड़ी होती है। इस पट्टी को जल में डुबोकर इसके ऊपरी सिरे पर आँख रखकर डूबी हुई सुई को देखते हैं। इसके बाद पट्टी तथा उसी के साथ आँख को धीरे-धीरे इतना नीचे करते हैं कि सुई दिखाई न दे। पट्टी की डूबी हुई लंबाई गँदलेपन को सूचित करती है। यदि यह लंबाई कम हो तो गँदलापन अधिक होगा और यदि लंबाई ज्यादा आए तो गँदलापन कम होगा।

अधिक गँदलापन (25-100 पी.पी.एम. से भी अधिक गँदलापन) मापने के लिए जैकसन का **टर्बिडिमीटर** प्रयुक्त किया जाता है। इसमें धातु की छोटी तिपाई तथा होल्डर पर काँच की नली रहती है जिसमें कुछ जल डालते हैं। नीचे मोमबत्ती जला दी जाती है। जब लौ का दिखाई देना जल के भीतर से बंद हो जाता है तो जल-सतह पढ़ लेते हैं। प्रामाणिक सारणियों से गँदलापन ज्ञात कर लिया जाता है।

(3) **रंग**—जल का रंग घुले हुए या कोलाइडीय (सूक्ष्म) कार्बनिक पदार्थों

यथा—घास-पात, ह्यूमस, जलचारी वनस्पति, शैवाल आदि के कारण या लौह तथा मैंगनीज लवणों, के कारण होता है। रंग की इकाई (यूनिट) उसकी वह तीव्रता है जो एक मिलीग्राम प्लैटिनम कोबाल्ट को एक लीटर जल में विलयित करने पर प्राप्त होती है। घरेलू कार्यों के लिए इस तरह से मापा गया रंग 20 अंश से अधिक नहीं होना चाहिए।

(4) स्वाद तथा गंध—जल में विघटित होनेवाले उपर्युक्त कार्बनिक पदार्थ, कुछ सूक्ष्मजीवाणु, कुछ वाष्पशील यौगिक तथा घुली हुई गैसों के कारण स्वाद तथा गंध उत्पन्न होते हैं। खनिज लवण, तेल, डामरयुक्त पदार्थ, औद्योगिक अपशिष्ट, मल-मूत्र तथा क्लोरीनीकरण के कारण जल में स्वाद-गंध आ सकते हैं। सामान्यतः सूँघकर तथा चखकर इनका परीक्षण किया जाता है। गंधों को मछली के समान, मिट्टी के समान, मधुर वनस्पति के समान, इत्र के समान आदि श्रेणियों में वर्गीकृत किया जाता है। इसी तरह स्वाद को मीठा, खारा, कडुवा आदि कहा जाता है।

परीक्षणार्थ जल के नमूने में ताजा गंधहीन जल तब तक मिलाते हैं और सूँघते जाते हैं जब तक उसमें वह विशिष्ट गंध आनी बंद न हो जाए। एक लीटर गंधहीन जल के लिए नमूने के जल की संगत मात्रा मिलीलीटर में ज्ञात की जाती है और इसी को इसकी **थ्रेशहोल्ड गंध संख्या** कहते हैं। यह गंध की तीव्रता व्यक्त करने की इकाई है। गंध का परीक्षण 20° से. ताप पर किया जाता है।

रासायनिक परीक्षण

रासायनिक अशुद्धियों की वह मात्रा जो घरेलू या औद्योगिक कार्यों के लिए उपयुक्त हो, उसको जानने के लिए रासायनिक परीक्षण आवश्यक है।

(1) ठोस पदार्थ—जल में निलंबित पदार्थों की मात्रा जल को फिल्टर पत्र से छानकर, ऊपर बची हुई मात्रा द्वारा ज्ञात करते हैं।

छने हुए जल को वाष्पीकरण द्वारा सुखाकर **शुष्क पदार्थ** की मात्रा ज्ञात कर ली जाती है।

जल में **कुल ठोस पदार्थों** की मात्रा 500 पी.पी.एम. से कम होनी चाहिए।

(2) क्लोराइड—जल में क्लोराइड की मात्रा उसे प्रमाणित सिल्वर नाइट्रेट के विलयन के साथ अनुमापन करके और पोटैशियम क्रोमेट विलयन

को सूचक के रूप में प्रयुक्त करके ज्ञात की जाती है। घरेलू कार्यों के लिए जल में 250 पी.पी.एम. क्लोराइड से अधिक मात्रा नहीं होनी चाहिए।

(3) नाइट्रोजन—जल में नाइट्रोजन चार रूपों में रह सकता है—मुक्त अमोनिया गैस के रूप में, ऐल्बुमिनायड नाइट्रोजन के रूप में, नाइट्रेट तथा नाइट्राइट के रूप में।

कार्बनिक पदार्थों के विघटन से अमोनिया गैस बनती है जो जल में विलयित रहती है किंतु जल को गरम करते ही यह गैस निकल जाती है। जब जल में अमोनिया की मात्रा 0.12 पी.पी.एम. से अधिक होती है तो जल का गुण संदेहास्पद होता है।

जल में पोटैशियम परमैंगनेट का क्षारीय विलयन या सल्फ्यूरिक अम्ल डालकर गरम करने पर जो अमोनिया निकले वह ऐल्बुमिनायड नाइट्रोजन की सूचक है। इसकी मात्रा यदि जल में 0.1 पी.पी.एम. हो तो जल दूषित माना जाता है।

नाइट्राइट तथा नाइट्रेट की मात्रा इन्हें अमोनिया में अपचित करके रंगमापी विधि से ज्ञात की जाती है। नाइट्राइट के लिए सल्फोनिक अम्ल तथा नैप्थिल ऐमीन का प्रयोग रंग लाने के लिए करते हैं और नाइट्राइट के लिए फीनाल डाइ सल्फोनिक अम्ल तथा पोटैशियम हाइड्रॉक्साइड का।

जल में 2-4 पी.पी.एम. से अधिक नाइट्राइट तथा नाइट्रेट की मात्रा जल के प्रदूषण को बताती है।

(4) कठोरता—जल का वह गुण जिसके कारण साबुन के साथ झाग न आए, **कठोरता** कहलाता है। यह जल में घुले लवणों (कैल्सियम तथा मैग्नीशियम के कार्बोनेट, बाइकार्बोनेट, क्लोराइड तथा सल्फेट) के कारण उत्पन्न होती है। जल की कठोरता को लवणों की मात्रा पी.पी.एम. या ग्रेन प्रति गैलन द्वारा व्यक्त करते हैं। कभी-कभी यह 'डिग्री' द्वारा भी व्यक्त की जाती है। एक 'डिग्री' कठोरता का अर्थ है प्रति गैलन एक ग्रेन या 14.3 पी.पी.एम. कैल्सियम कार्बोनेट विलयित रहना।

कठोरता का मापन वर्सेनेट विधि द्वारा किया जाता है। अब सोडा अभिकर्मक तथा साबुन द्वारा किए जानेवाले परीक्षण कार्य में नहीं लाए जाते। वर्सेनेट विधि में ई.डी.टी.ए. (एथिलीन डाइऐमीन टेट्राऐसीटिक अम्ल) एवं 8.5-11 पीएच पर एरियोक्रोम ब्लैक सूचक का प्रयोग करते हुए अनुमापन

किया जाता है। अंतिम बिंदु पर रंग मदिरा से लाल-नीला हो जाता है।

5.0 पी.पी.एम. से कम कठोरतावाला जल **मृदु जल** कहलाता है। घरेलू कार्यों के लिए 150 पी.पी.एम. तक की कठोरता वांछनीय है। 50 पी.पी.एम. से कम कठोरता होने पर जल में कोई स्वाद नहीं रह जाता; किंतु औद्योगिक कार्यों के लिए जल जितना ही मृदु हो उतना ही अच्छा। स्वास्थ्य की दृष्टि से 500 पी.पी.एम. तक की कठोरता अभीष्ट है। इससे अधिक कठोरता मृदु-विरेचक का काम करती है।

(5) अम्लता-क्षारता तथा पीएच—लवणों तथा खनिज पदार्थों के अनुसार जल अम्लीय या क्षारीय हो सकता है। पीएच जल के अम्लीय या क्षारीय स्वभाव का सूचक है। अम्ल की वृद्धि से पीएच घटता जाता है और क्षारता की वृद्धि से पीएच बढ़ता है। उदासीन जल का पीएच 7.0 के लगभग होता है, अम्लीय का 7 से कम और क्षारीय का 7 से ज्यादा (14 तक)। पीएच मापने के लिए रंगमापी विधियाँ (सूचकों का प्रयोग करके) या स्वचालित विद्युतमापीय विधियाँ (पीएच मीटर) हैं।

(6) लौह तथा मैंगनीज—इनके कारण जल का रंग लाल तथा भूरा हो जाता है और उसमें क्रेनोथ्रिक्स नामक जीवाणु उत्पन्न होकर जलवाहक नलों को अवरुद्ध करके जल के स्वाद तथा गंध को बदल देते हैं। जल में इनकी 0.3 पी.पी.एम. से अधिक मात्रा घरेलू कार्यों के लिए, विशेषतया रँगाई, धुलाई या विरंजन कार्यों के लिए, अनुपयुक्त है।

लौह तथा मैंगनीज की मात्रा रंगमापीय अनुमापन विधि से ज्ञात की जाती है। लोहे के लिए पोटैशियम थायोसायनेट अथवा फीनैंथ्रोलीन का सूचक रूप में प्रयोग होता है और मैंगनीज के लिए पोटैशियम परआयोडट अथवा सोडियम बिस्मुथेट का।

(7) सीसा, आर्सेनिक तथा अन्य विषैली धातुएँ—ये सभी धातुएँ विषैली होने के कारण जन-स्वास्थ्य के लिए भयावह हैं। प्रायः दलदले क्षेत्रों में, जहाँ वानस्पतिक अम्ल मिलते रहते हैं, प्राप्त जल में ये धातुएँ विलयित रहती हैं।

(8) फ्लोराइड तथा आयोडाइड—यद्यपि जल में आयोडीन की अल्प मात्रा (1 पी.पी.एम.) गंडमाला (गायटर) रोग को दूर रखती है और फ्लोराइड की 1.5 पी.पी.एम. मात्रा छोटे बच्चों के दाँतों के मुलायम कवच की रक्षा करती

है; किंतु अधिक मात्रा होने पर ये हानिकारक सिद्ध होते हैं। फ्लोराइड का अनुमापन रंगमापीय विधि से जिरकोनियम ऐलिजैरिन अभिकर्मक डालकर किया जाता है जिससे पीला रंग प्राप्त होता है। आयोडीन को आयोडीमितीय विधि से ज्ञात करते हैं।

(9) घुली हुई या विलयित ऑक्सीजन (DO)—कार्बनिक पदार्थों की मात्रा ऑक्सीजन उपयोग परीक्षण द्वारा निकाली जाती है। इसके लिए जल के नमूने को पोटैशियम परमैंगनेट तथा सल्फ्यूरिक अम्ल के साथ आधे घंटे तक उबालते हैं। इससे पोटैशियम परमैंगनेट की व्यय हुई मात्रा ज्ञात करके उसी से कार्बनिक पदार्थों का अनुमान लगा लिया जाता है। भूमिगत जल में ऑक्सीजन की मात्रा बहुत कम होती है।

(10) जैवरासायनिक ऑक्सीजन माँग—(Biochemical Oxygen Demand – BOD) – जल में उपस्थित कार्बनिक पदार्थों के विघटन में जो ऑक्सीजन व्यय होती है उसे BOD कहते हैं। यह जल का गुण है। असंदूषित जल में इसकी मात्रा 5 पी.पी.एम. से कम होनी चाहिए। इससे अधिक मात्रा होने पर जल पीने योग्य नहीं रह जाता। किंतु यह मात्रा कम होने पर भी जल में अकार्बनिक पदार्थ मिले रह सकते हैं। नदियों के जल प्रदूषित होने से BOD मानों का निर्धारण आवश्यक प्रतीत होता है।

जैव परीक्षण

प्राकृतिक जल में अनेक प्रकार के जीवाणु रहते हैं, किंतु जब प्राकृतिक जल में मल-जल मिल जाता है तो अनेक जीवाणु जल में आकर मिल जाते हैं। जल आपूर्ति विभाग केवल उन जीवाणुओं से चिंतित रहता है जो स्वाद तथा गंध उत्पन्न करते हैं—यथा शैवाल; या जो रोग उत्पन्न करते हैं—यथा हैजा, पेचिश आदि। इनके अतिरिक्त भी जल में कपड़ों पर धब्बे डालनेवाले जीवाणु (लौह तथा गंधक के जीवाणु) रहते हैं। विभिन्न जीवाणुओं को सूक्ष्मदर्शी द्वारा देखा और पहचाना जा सकता है।

जो जीवाणु रोग उत्पन्न करते हैं वे रोगोत्पादक (Pathogenic) कहलाते हैं। किंतु पेयजल में पाए जानेवाले ऐसे जीवाणुओं की संख्या कम है। जल आपूर्ति विभाग हैजा, पेचिश आदि के ही जीवाणुओं को विनष्ट करना अपना लक्ष्य बनाते हैं। चूँकि ये परीक्षण लंबे तथा जटिल हैं, इसलिए प्रतिदिन

जल के परीक्षणों में इन्हें सम्मिलित नहीं किया जाता। केवल मानव मल से जल में आए बी.कोलाई जीवाणुओं को ज्ञात किया जाता है। यह एक शांत प्रकृति का जीवाणु है जो मनुष्य सहित उष्ण रक्तवाले प्राणियों की आँतों में रहता है। बाद में ये उनकी विष्ठा से बहुत बड़ी संख्या में बाहर निकलते हैं।

जल को संवर्ध माध्यम के लैक्टोस के साथ इनकुबेटर में 37° से. ताप पर 25-28 घंटे तक रखा जाता है। परीक्षित जल में अम्लता या वायु का निर्माण ही बी.कोलाई का द्योतक है। 100 मिली. जल में संख्या की तुलना प्रामाणिक सारणी से की जाती है। जल के नमूने में कोलीफार्म की संख्या ज्ञात करने की आधुनिकतम विधि झिल्ली-फिल्टर प्रविधि है।

जल विश्लेषण किट

आजकल जल विश्लेषण के छोटे-छोटे किट दूर-दराज के गाँवों में पानी के परीक्षण के लिए विकसित किए गए हैं। चलती-फिरती प्रयोगशालाएँ भी काम में लाई जाती हैं जिनमें सारे आवश्यक उपकरण लगे रहते हैं। रक्षा प्रयोगशाला जोधपुर ने भी 'जल परीक्षण फील्ड किट' बनाया है। इसका भार 7 कि.ग्रा. तथा आकार $38\times18\times23$ सें.मी. है। 'अमृत कुंभ' विधि एक देशी उपकरण है जो औद्योगिक विष विज्ञान केंद्र के वैज्ञानिकों द्वारा विकसित किया गया है। इसकी सहायता से जीवाणुरहित पीने का शुद्ध पानी सरलता से प्राप्त किया जा सकता है। इस उपकरण में घड़े एक के ऊपर एक रखे होते हैं और ऊपर के घड़े में पानी छानने के लिए मोमबत्ती के आकार की छोटे छेदोंवाली छलनी लगी रहती है।

बैक्ट-ओ-किल

यह विद्युतचालित उन्नत किस्म का उन्नत उपकरण है जिसमें जीवाणुओं को बिजली के प्रवाह द्वारा पूरी तरह नष्ट कर देते हैं।

9

जल की गुणवत्ता

अभी तक केवल पेयजल के लिए गुणवत्ता के अंतरराष्ट्रीय मानक स्थापित किए गए हैं—जो उन न्यूनतम मानकों के सूचक हैं जिन्हें सभी देशों को अपनाना चाहिए। किंतु ये मानक मात्र संस्तुतियों के रूप में हैं जिन्हें कानून द्वारा लागू किया जाना चाहिए। विश्व स्वास्थ्य संघटन ने गुणवत्ता के आधारों की पाँच श्रेणियाँ दी हैं—(1) जैव प्रदूषक, (2) रेडियो-एक्टिव प्रदूषक, (3) विषैले यौगिक, (4) रासायनिक यौगिक जो स्वास्थ्य के लिए हानिकारक हैं, तथा (5) जल-स्वीकार्यता (acceptability) के गुण।

(1) जैव प्रदूषक—जैव प्रदूषण के लिए जीवाणवीय मानक ऐसे सूक्ष्म जीवों की उपस्थिति को सूचित करता है जो रोगोत्पादक नहीं हैं। मल के जीवाणुओं की संख्या रोगोत्पादक सूक्ष्मजीवों से काफी अधिक होती है और वे आसानी से पहचाने जा सकते हैं, अतएव ये प्रदूषण के उत्तम सूचक हैं। ये जीवाणु हैं—ई. कोलाई (E.coli), तथा कोलीफार्म (Coliform)।

पेयजल, जिसका क्लोरीनीकरण किया जा चुका हो, उसके 100 मिली. नमूने में इन सूक्ष्मजीवों को अनुपस्थित होना चाहिए। क्लोरीनीकरणरहित जल के 100 मिली. नमूने में ई. कोलाई को अनुपस्थित होना चाहिए और अधिक-से-अधिक 3 कोलीफार्म होने चाहिए। कुओं तथा झरनों के पानी में अधिक-से-अधिक 10 कोलीफार्म होने पर वह जल पेय माना जा सकता है।

(2) रेडियोएक्टिव प्रदूषक—रेडियोएक्टिव प्रदूषण के लिए प्रस्तावित स्तर हैं—

भूमंडलीय ऐल्फा रेडियोएक्टिविटी 3 pci/l

भूमंडलीय बीटा रेडियोएक्टिविटी 30 pci/l

(3) विषैले यौगिक—इस आधार पर कि 70 किग्रा. भारवाला व्यक्ति प्रतिदिन 2.5 लीटर जल का इस्तेमाल करता है, विषैले यौगिकों की अधिकतम सांद्रता ज्ञात की गई है। आर्सेनिक, कैडमियम, सायनाइड, पारद, सीसा तथा सेलेनियम के यौगिक विषैले माने गए हैं। उनकी अधिकतम सांद्रता (मिग्रा./ली.) इस प्रकार है—

पारद	0.001
सेलेनियम	0.01
कैडमियम	0.01
आर्सेनिक	0.05
सायनाइड	0.05
सीसा	0.1

(4) स्वास्थ्य के लिए हानिकारक रासायनिक यौगिक—सामान्यतया फ्लोराइड, नाइट्रेट, तथा ऐरोमैटिक हाइड्रोकार्बन इस श्रेणी में आनेवाले यौगिक हैं।

फ्लोराइड की न्यूनतम तथा उच्चतम सीमाएँ क्रमशः 0.6-0.9 मिग्रा./ली. तथा 0.8-1.7 मिग्रा./ली. हैं।

नाइट्रेट (NO_3 के रूप में) को 45 मिग्रा./ली. से अधिक नहीं होना चाहिए।

ऐरोमेटिक यौगिक—चूँकि बहुचक्रीय ऐरोमेटिक हाइड्रोकार्बन कैंसरजनी होते हैं इसलिए उनकी सांद्रता 0.0002 मिग्रा./ली. से अधिक नहीं होनी चाहिए।

(5) जल ग्राह्यता लक्षण—इसके लिए भौत-रासायनिक (Physico-chemical) परीक्षण किए जाते हैं।

रंग	5-50 इकाई
गंध	कोई सीमा नहीं
गँदलापन	5-25
कुल ठोस (मिग्रा./ली.)	500-15
पीएच	7-8.5 से लेकर 6.5-9.2
कुल कठोरता (मिग्रा. $CaCO_3$ /ली.)	100-500

खनिज तेल (मिग्रा./ली.)	0.01-0.3
फीनाल (मिग्रा./ली.)	0.001-0.002
कैल्सियम (मिग्रा./ली.)	75-200
क्लोराइड (मिग्रा./ली.)	200-600
कापर (मिग्रा./ली.)	0.05-1.5
लौह (मिग्रा./ली.)	0.1-1.0
मैग्नीशियम (मिग्रा./ली.)	30-150
मैंगनीज (मिग्रा./ली.)	0.05-0.5
सल्फेट (मिग्रा./ली.)	200-400
जिंक (मिग्रा./ली.)	5-15

(प्रथम अंक प्रस्तावित है और दूसरा अनुमेय)

मनोरंजनार्थ गुणवत्ता मानदंड (MPN = most probable number) **सर्वाधिक संभावित संख्या**—संयुक्त राज्य अमेरिका (1968) की राष्ट्रीय सलाहकार समिति ने मलीय कोलीफार्म के लिए मानदंड दिए हैं—

जल उपयोग	संख्या/लीटर जल
नौकाचालन	2000-4000
मनोरंजन	1000-2000
स्नान	2000

भारत में जनता के लिए जल आपूर्ति में 5,000 कोलीफार्म प्रति 100 मिली. जल में होने चाहिए, किंतु बनारस में गंगा के स्नान घाटों में इनकी संख्या काफी अधिक है। अतः यात्रियों को स्नान से हानि की संभावना है।

विभिन्न उपयोगों के लिए मानदंड

पेयजल के लिए

(1) कोलीफार्म सूचकांक—जल नमूने में ई.कोलाई की संख्या। अब इसके स्थान पर जीवाणु घनत्व का प्रयोग होता है।

(2) भौतिक गुण-धर्म—सप्ताह में एक बार जाँच होनी चाहिए।

स्वीकार्य मान इस प्रकार हैं—

आविलता	5 इकाई
रंग	15 इकाई
गंध	3 इकाई

(3) रासायनिक गुण-धर्म—घातक मात्राएँ नहीं होनी चाहिए।

औद्योगिक उपयोग

गंध एवं तैरते पदार्थ का अभाव, विलयित ऑक्सीजन (DO) 1 मिग्रा./ली. प्रतिदिन, पीएच 5–9.0, ताप 21° से., विलयित ठोस 750 मिग्रा./ली. प्रति मास (प्रतिदिन 1000 मिग्रा./ली.)।

मनोरंजनार्थ नौका चालन

5.0 मिग्रा./ली. से कम 16 घंटे प्रतिदिन, सदैव 3 मिग्रा./ली., CO_2 40 मिग्रा./ली. <20 मिग्रा./ली., पीएच 5-9, (प्रतिदिन 6.5–8.5), ताप 20° से., विषैले पदार्थ 0.1 मीडियन 48 घंटे सहिष्णुता।

स्नानार्थ

0.4 पी.पी.एम. मुक्त क्लोरीन होना आवश्यक DO संतृप्तता तक।

अतिक्रमण मानदंडों का प्रदूषण सूचक	अमेरिका में अतिक्रमण स्तर
मल कोलीफार्म	200/100 मिली. से ऊपर
DO	< 5 मिग्रा./ली.
कुल P	> 0.1 मिग्रा./ली.
कुल Cd	> 4 माइक्रोग्राम/ली. से 10 माइक्रोग्राम
कुल Pb	> 1.51 माइक्रोग्राम/ली.
कुल Hg	> 0.05 माइक्रोग्राम/ली.

पशुओं के लिए जल मानक

वैसे तो मनुष्यों के लिए जो मानक हैं उन्हें ही पशुओं पर लागू किया

जाता है किंतु यह पशुओं के झुंड, उनके आकार तथा उनकी चरने की आदतों पर निर्भर करेगा। अमेरिका में जल की विद्युच्चालकता (कुल विलेय लवण की मात्रा) को मानदंड माना गया है। उदाहरणार्थ 1,000 मिग्रा./ली. (विद्युच्चालकता < 1.5 mS cm^{-1}) सभी वर्ग के पशुओं तथा पक्षीपालन के लिए उत्तम है। यह मात्रा 3000 (विद्युच्चालकता (EC) = 1.5-5) तक बढ़ जाने पर भी संतोषजनक मानी जाती है किंतु अत्यधिक खारा पानी पशु-स्वास्थ्य के लिए हानिकारक है। अन्य यौगिकों की उपस्थिति के मानक निम्न सारणी में दिए हुए हैं—

कैडमियम (Cd)	0.05 मिग्रा./ली.
क्रोमियम (Cr)	1.0 मिग्रा./ली.
ताँबा (Cu)	0.5 मिग्रा./ली.
फ्लोरीन (F)	2.0 मिग्रा./ली.
सीसा (Pb)	0.1 मिग्रा./ली.
पारा (Hg)	0.01 मिग्रा./ली.
नाइट्राइट + नाइट्रेट ($NO_3 + NO_2$)	100.00 मिग्रा./ली.
सेलेनियम (Se)	0.01 मिग्रा./ली.

उद्योगों के लिए जल मानक

जल की गुणवत्ता आवश्यकताओं को उद्योग के लिए निर्धारित कर पाना अत्यंत कठिन है। ये आवश्यकताएँ देश, उद्योग तथा प्रक्रम के साथ बदलती हैं और किसी एक उत्पाद के लिए विशिष्ट होती हैं; फिर भी जल की कुछ गुणवत्ताएँ एवं सहिष्णुताएँ सुझाई गई हैं।

वास्तव में औद्योगिक जल की गुणवत्ता की सबसे बड़ी समस्या है बॉयलर में प्रयुक्त होनेवाला जल, जिसमें उच्च ताप तथा दाब रखना पड़ता है। ऐसी अवस्था में जल में उपस्थित कार्बोनेट तथा सल्फेट निर्धारक लवण हैं।

भौम जल तथा मृदा से संबद्ध निर्माण उद्योग में सल्फेट महत्त्वपूर्ण है क्योंकि कंक्रीट के बिगड़ने में इसकी भूमिका होती है, किंतु अब सल्फेट प्रतिरोधी सीमेंट तैयार होने लगे हैं।

सिंचाई जल के मानक

कुल लवणों की मात्रा प्रायः विद्युच्चालकता द्वारा व्यक्त की जाती है। चालकता के अनुसार सिंचाई जल की चार श्रेणियाँ बनाई गई हैं—

	विद्युच्चालकता $\times 10^6$	
C_1	< 250	कम लवणता जल—अधिकांश मिट्टियों में अधिकांश फसलों की सिंचाई के लिए उपयुक्त।
C_2	250-750	मध्यम लवणता जल—मध्यम लवण सहिष्णुतावाली फसलों के लिए।
C_3	750-2250	उच्च लवणता जल—प्रतिबंधित जल निकासी-वाली मिट्टियों के लिए व्यर्थ।
C_4	2250-5000	अत्युच्च लवणता जल—सिंचाई के लिए व्यर्थ।

बोरान का खतरा (Boron hazard)

यद्यपि बोरान की अत्यल्प मात्रा पौधों के लिए आवश्यक है किंतु अधिक मात्रा विषैली हो जाती है। सामान्यतया 1 मिग्रा./ली. बोरान उत्तम है किंतु 2 मिग्रा. होने पर भी जल सिंचाई के काम में लाया जा सकता है। वस्तुतः यह मात्रा फसलों की संवदेनशीलता पर निर्भर है। कुछ फसलें यथा—नींबू, अंगूर, नारंगी, बेर अत्यधिक संवेदनशील हैं जबकि गाजर, गोभी, शलजम, प्याज, चुकंदर आदि अत्यंत सहनशील फसलें हैं। गेहूँ, जौ, टमाटर, आलू, कपास आदि मध्यम सहनशीलतावाली फसलें हैं।

क्लोराइड का खतरा

सिंचाई के जल में क्लोराइड की मात्रा के अनुसार होनेवाला खतरा बहुत कुछ मिट्टी के **कणाकार** पर निर्भर करता है। अधिक चिकनी मिट्टियों में वही मात्रा बलुई मिट्टी की अपेक्षा अधिक हानिकारक सिद्ध होती है। किंतु 6 मिली. समतुल्य/ली. मात्रा सभी कणाकारवाली मिट्टियों के लिए उत्तम है। बलुई मिट्टी में यह मात्रा 9.15 तक बिना हानि के प्रयुक्त की जा सकती है किंतु दोमट तथा चिकनी मिट्टी के लिए यह मात्रा हानिकारक सिद्ध हुई है।

अन्य सूक्ष्ममात्रिक तत्त्व

सिंचाई जल में, विशेषतया भौम जल में, अन्य तत्त्वों की अधिकतम सांद्रता का परिचय इस प्रकार है—

	मिग्रा./ली.
B	0.75
Cd	0.01
Cr	0.1
Cu	0.2
F	1.0
Pb	5.0
Se	0.02
Zn	2.0
Fe	5.0
Mn	0.2

अनेक देशों में विभिन्न कार्यक्रमों के अंतर्गत जल की गुणवत्ता की निरंतर जाँच करने के उपरांत यह निष्कर्ष निकला है कि विश्व में पेयजल की स्थिति पूर्णतया संतोषजनक नहीं है। केवल एक-तिहाई लोगों को ही ये सुविधाएँ उपलब्ध हैं; जबकि दो-तिहाई जनसंख्या इनसे पूर्णतः या आंशिक रूप से वंचित है। अनुमान है कि इन सभी समस्याओं के समाधान के लिए लगभग 100 अरब अमेरिकी डॉलरों की आवश्यकता होगी। भारत ने प्रथम पंचवर्षीय योजना (1951-1956) के लिए इन कार्यक्रमों के अंतर्गत 49 करोड़ रुपयों की व्यवस्था की थी। यह राशि बढ़ते-बढ़ते सातवीं पंचवर्षीय योजना (1985-1990) में 6,672 करोड़ रुपए हो गई थी। अब आठवीं पंचवर्षीय योजना (1990-1995) में इस राशि को बढ़ाकर लगभग 7,300 करोड़ रुपए करने का प्रावधान किया गया है। हमारे देश में 'राष्ट्रीय पेयजल तकनीकी मिशन' का गठन भारत सरकार के ग्रामीण विकास विभाग, कृषि मंत्रालय के अंतर्गत किया गया है जो इन कार्यक्रमों को बड़ी तत्परता एवं सक्षमता से लागू कर रहा है।

सन् 1976 में बैंकूवर में हुई 'हैबिटेट कानफ्रेंस' में सम्मिलित सभी राष्ट्रों

ने मिलकर यह संकल्प लिया था कि सन् 1990 तक सभी को पीने का शुद्ध जल उपलब्ध कराया जाए। इस सराहनीय उद्देश्य को मार्च 1977 में मारडेल प्लाटा में हुए संयुक्त राष्ट्र जल सम्मेलन में स्वीकृति प्रदान की गई थी और 1980-91 अवधि को 'अंतरराष्ट्रीय पेयजल आपूर्ति और स्वच्छता दशक' के रूप में मनाने का निर्णय लिया गया था। सन् 1977 के अंत में संयुक्त राष्ट्र की 31वीं आम सभा ने इसका अनुमोदन किया। भारत सरकार ने भी 1990-91 तक देश की जनता के लिए शुद्ध पेयजल और सफाई की न्यूनतम सुविधाएँ उपलब्ध कराने के संकल्प पर हस्ताक्षर किए थे और तदनुसार 1 अप्रैल, 1981 से भारत में दशक कार्यक्रम का शुभारंभ हुआ।

दशक के प्रारंभ में भारत की 72 प्रतिशत नगरीय और 31 प्रतिशत ग्रामीण जनता के लिए ही पीने के स्वच्छ पानी की सुविधा उपलब्ध थी। 25 प्रतिशत नगरों में मल-प्रवाह की व्यवस्था या सफाई के अन्य साधन उपलब्ध थे; जबकि ग्रामीण क्षेत्रों में सफाई-सुविधाएँ नाममात्र (0.5 प्रतिशत) को ही थीं।

सारणी 9.1

दशक के प्रारंभ में पेयजल आपूर्ति और स्वच्छता की स्थिति

(प्रतिशत में)

	विकासशील देश		भारत	
	नगरीय	ग्रामीणं	नगरीय	ग्रामीण
जल प्रदाय	75	25	72	31
स्वास्थ्य चिकित्सा	53	13	25	0.5

प्रकृति ने पृथ्वी पर पेयजल का विपुल भंडार उपलब्ध कराया है। यदि संसार के जल संतुलन पर दृष्टि डालें तो हमें ज्ञात होगा कि 36×10^6 घन किलोमीटर पेयजल उपलब्ध है, जो हमारी आवश्यकता से दस हजार गुना अधिक है। (सारणी 9.2)

सारणी 9.2

विश्व का जल सर्वेक्षण

उपलब्ध जल	प्रतिशत	मात्रा (घन किलोमीटर)
1. जल संसाधन	100	1384×10^6
2. मीठा जल	2.6	360×10^5
3. काम में आनेवाला मीठा जल	0.24	288×10^4
4. कुल सिंचन	0.23	423×10^3
5. भू-सिंचन	0.007	970×10^2
6. मीठे जल की खपत	0.0002	2838
7. पेयजल की खपत	0.000015	201

परंतु असमान जल-वृष्टि के कारण कुछ क्षेत्रों में कई वर्षों तक सूखे तथा अकाल की स्थिति बनी रहती है। रुक्ष क्षेत्रों में जहाँ 10 से 100 मिलीमीटर वार्षिक वर्षा होती है वहीं आर्द्र क्षेत्रों में अत्यधिक जल उपलब्ध होता है। इसके अतिरिक्त जनसंख्या का घनत्व भी पर्यावरण के प्रदूषण का एक प्रमुख कारण है। प्रत्येक माह आबादी में लगभग 65 लाख लोग बढ़ते हैं। इस जनसंख्या-वृद्धि के साथ ऊर्जा खपत में बढ़ोतरी और औद्योगिक विकास नित्य प्रति वायु तथा जल की प्रदूषण की स्थिति को बद से बदतर बना रहे हैं। उद्योगों से दूषित जल और वाहित मल नदियों, झीलों और समुद्रों में घातक धातुओं, हानिकारक जीवाणुओं और अन्य अवांछनीय रसायनों का बोझ बढ़ा रहे हैं।

पर्याप्त लोग जल से संबंधित रोगों से पीड़ित हैं। विश्व में प्रतिदिन 1.5 लाख मरनेवाले मनुष्यों में से एक-तिहाई या 50,000 मौतों का कारण जल से संबंधित रोग ही हैं। लगभग 50,000 भूख से तथा अन्य 50,000 आत्महत्या, दुर्घटना अथवा कैंसर और अन्य बीमारियों के कारण काल के मुँह में समा जाते हैं। इस प्रकार प्रतिमाह 45 लाख लोग मृत्यु को प्राप्त होते हैं। परंतु दूसरी ओर 110 लाख जन्मते भी हैं। इन अतिरिक्त 65 लाख लोगों को प्रतिमाह जल और भोजन की आवश्यकता है, अतः जल-आपूर्ति और जल-मल निकास की योजनाएँ आज की ही नहीं, भविष्य की आवश्यकताओं को ध्यान

में रखकर कार्यान्वित करनी हैं।

1980 में जल-प्रदाय 68 प्रतिशत जनसंख्या को सुलभ था तथा 1983 में 73 प्रतिशत तक पहुँच गया था। यह आशा की जाती थी कि 1990 तक यह 78 प्रतिशत, 2000 में 88 प्रतिशत और सन् 2010 तक शत-प्रतिशत को उपलब्ध हो जाएगी। संयुक्त राष्ट्रसंघ ने 1977 में जो प्रस्ताव पारित किए थे उनके अंतर्गत 1990 तक प्रत्येक नागरिक को दोषरहित व शुद्ध जल उपलब्ध कराने का प्रावधान था। इन प्रस्तावों के कुछ अंश सारणी 9.3 में दिए जा रहे हैं।

सारणी 9.3

संयुक्त राष्ट्र जल सम्मेलन, 1977

प्रस्ताव 'अ'	बिना रंगभेद-नीति के गरीब हो या अमीर, सभी मानव जाति को दोषरहित शुद्ध जल समुचित मात्रा में प्राप्त करने का पूरा अधिकार है।
प्रस्ताव 'आ'	यह अनुमोदित किया जाता है कि सभी देशों में जल-वितरण एवं मल-जल निकास प्रणाली पर प्राथमिकता के आधार पर कार्य किया जाए।
प्रस्ताव 'इ'	सभी देशों की सरकारों से, जो राष्ट्रसंघ के सदस्य हैं, यह निवेदन किया जाता है कि वे नगरों और ग्रामों को दोषरहित और स्वच्छ जल समुचित मात्रा में 1990 तक उपलब्ध कराने हेतु कार्यक्रम बनाएँ।

इससे होनेवाले आर्थिक लाभ होंगे–(1) कम बीमारियाँ होने से श्रम में वृद्धि, (2) गाँव में अधिक श्रम-शक्ति की उपलब्धि, (3) चिकित्सा-व्यय में कमी, (4) आय में वृद्धि, (5) अधिक रोजगार उपलब्ध, (6) पर्यावरण में सुधार।

अप्रैल 1981 से मार्च 1985 तक की प्रगति और मार्च 1990 में सातवीं पंचवर्षीय योजना के अंत तक के लक्ष्य की स्थिति सारणी 9.4 में स्पष्ट की गई है। सातवीं पंचवर्षीय योजना के अंतर्गत पूरी योजना खर्च का 3.71 प्रतिशत जल-आपूर्ति और स्वच्छता कार्यक्रमों में व्यय किए जाने का प्रावधान था।

सारणी 9.4

भारत में उपलब्धि और लक्ष्य

क्षेत्र		जनसंख्या (प्रतिशत)		
		1981	1985	1990
1. जल-प्रदाय	नगरीय	72.3	72.9	86.4
	ग्रामीण	30.8	56.2	75.2
2. स्वच्छता	नगरीय	25.1	28.4	44.7
	ग्रामीण	0.5	0.7	1.8

धन के अतिरिक्त इन कार्यक्रमों को लागू करने में अनेक अड़चनें हैं। प्रारंभ में किए गए आकलनों के आधार पर 1985 तक 18,900 इंज़ीनियर और 30,800 डिप्लोमा इंजीनियरों की आवश्यकता थी। परंतु आज तक 11,400 इंजीनियर और 18,600 डिप्लोमा इंजीनियर ही उपलब्ध हो सके हैं। यदि इनकी पूर्ण उपलब्धि शीघ्र न कराई गई तो लक्ष्यपूर्ति पर प्रश्नचिह्न लग जाएगा। इसके अतिरिक्त जन-शक्ति, संबंधित सामग्री, उपकरण, विस्तृत योजना और भूमि उपलब्ध होना भी अन्य कारण हैं जो दशक के लक्ष्यों की पूर्ति में बाधाएँ डाल सकते हैं। इन सबके साथ संबंधित विभागों में पूर्ण तालमेल आवश्यक है।

सातवीं पंचवर्षीय योजना के दौरान सभी कार्यों के निरीक्षण, व्यवस्था और शोध के विकास पर पूरा बल दिया जाना था। खारे जल एवं उपयोग में लाए गए जल का निर्लवणीकरण और कम मूल्यवाली स्वच्छता प्रणाली पर भी ध्यान देने की आवश्यकता थी। जल से संबंधित रोगों का ज्ञान और बचाव के साधनों के प्रति भी उपभोक्ताओं में सजगता लाना परम आवश्यक था। इस दिशा में अन्य संस्थानों के अतिरिक्त राष्ट्रीय पर्यावरण इंजीनियरी अनुसंधान संस्थान, नागपुर, केंद्रीय नमक और समुद्री रसायन अनुसंधान संस्थान, भावनगर और रक्षा प्रयोगशाला, जोधपुर ने भी सराहनीय कार्य किए हैं।

दशक कार्यक्रमों को लागू करने में स्वास्थ्य, शिक्षा और जन-सहयोग की भूमिका महत्त्वपूर्ण है। जल-आपूर्ति और सफाई सुविधाओं पर भारी धनराशि लगाने के उपरांत भी समुचित शिक्षा और जन-चेतना के अभाव में जन

स्वास्थ्य पर विशेष प्रभाव नहीं पड़ेगा। पेयजल स्रोतों की समुचित देखभाल, भंडारण, जल के निर्जर्मीकरण के उपाय, खुले कुओं को सुरक्षित कुओं में बदलना, मल की उचित सफाई, विगलन ताल और सोख गड्ढेवाले शौचालय के उपयोग आदि से लोगों को समुचित रूपेण परिचित कराना है। रेडियो, दूरदर्शन, फिल्म और अन्य संचार माध्यम इस दिशा में अत्यंत कारगर सिद्ध हो सकते हैं।

तकनीकी मिशन ने केंद्रीय सरकार तथा राज्य सरकार के अनेक विभागों, राष्ट्रीय प्रयोगशालाओं, विश्वविद्यालयों, संस्थाओं, समाज-सेवी संस्थाओं, उद्योगों एवं जल से संबंधित कार्य करनेवाले अन्य सभी संस्थानों, गैर-सरकारी एजेंसियों आदि को इस कार्यक्रम में सम्मिलित किया है ताकि सभी को पेयजल उपलब्ध कराने के राष्ट्रीय लक्ष्य को सफलतापूर्वक पूर्ण किया जा सके।

जल की गुणवत्ता की जाँच का कार्य निरंतर चलाना आवश्यक है। इसके अंतर्गत जल के भौतिक, रासायनिक, सूक्ष्मजीवीय व रेडियोएक्टिव परीक्षण सम्मिलित हैं। देश में जल की गुणवत्ता जाँच के लिए वर्तमान प्रणाली पूरा भार वहन करने में सक्षम नहीं है। जन-स्वास्थ्य अभियांत्रिकी विभाग, राष्ट्रीय प्रयोगशालाएँ, केंद्र व राज्य के स्वास्थ्य मंत्रालयों द्वारा संचालित सुविधाएँ भी देश के अनेक भागों तक निरंतर जाँच के दुष्कर कार्य को पूर्ण नहीं कर पा रही हैं। अनेक राज्यों व केंद्र-शासित प्रदेशों में तो ये परीक्षण की सुविधाएँ ही नगण्य हैं जिनके अभाव में प्रतिवर्ष वर्षा काल, अकाल एवं अतिवृष्टि के समय जल से संबंधित रोग प्रायः होते ही रहते हैं। इसके अतिरिक्त भारत जैसे विशाल देश में फ्लोराइड, नाइट्रेट, आयरन, खारापन, अनेक परजीवी, जीवाणु, आयोडीनविहीन जल और अनेक प्रकार के प्रदूषण विभिन्न रोगों के कारण बने हैं जिनका क्षेत्रीय समस्याओं के आधार पर आकलन अति आवश्यक है। दूषित जल का क्लोरीन द्वारा निर्जर्मीकरण करना एवं बची हुई क्लोरीन की मात्रा के परीक्षण की सुविधाएँ व ज्ञान भी घर-घर तक पहुँचाना अत्यंत महत्त्वपूर्ण कार्य हैं, जिससे मौसमी रोगों—हैजा, टायफाइड, दस्त, पेचिश, पीलिया आदि पर सहज ही नियंत्रण किया जा सकेगा।

वैसे तो जल की निरंतर जाँच के लिए प्रत्येक प्रदेश के स्तर पर सभी सुविधाओं से संपन्न प्रयोगशालाएँ स्थापित की गई हैं। कुछ जिलों को

जोड़कर स्थानीय समस्याओं के आधार पर जिले-स्तर की प्रयोगशालाएँ खोली जा रही हैं जो निरंतर जल-परीक्षण, सर्वेक्षण एवं स्रोतों पर पूर्ण निगरानी रखेंगी और अपने क्षेत्र में शुद्ध पेयजल सुलभ कराएँगी। इसके साथ ही जल से संबंधित सभी आँकड़े प्रदेशीय प्रयोगशालाओं व क्षेत्रीय केंद्रों को भेजे जाने का कार्यक्रम है जिनके आधार पर आवश्यकतानुसार जलप्रदाय योजनाओं एवं पेयजल की अन्य समस्याओं पर प्रदेश के स्तर पर निर्णय लिया जा सकेगा। कस्बों, सुदूर स्थानों और गाँवों के लिए चल प्रयोगशालाएँ तथा परीक्षण किट्स सुलभ कराए गए हैं, जिनका ग्रामीण स्तर पर प्रयोग सरलता व सहजता से किया जा सके।

10

जल का उपचार

जल के उपचार का उद्देश्य पेयजल प्रदान करना है जो मानव उपभोग के लिए रासायनिक एवं जैविक दृष्टि से सुरक्षित हो अथवा जो औद्योगिक उपयोगों के लिए उपयुक्त हो। एक तरह से जल के उपचार का उद्देश्य जल-आपूर्ति की जीवाणवीय तथा रासायनिक गुणवत्ता को सुधारना है। घरेलू उपयोग के लिए जल को पेय होने के साथ ही स्वाद तथा गंध से रहित होना चाहिए।

उद्देश्य

वास्तव में जिस कार्य के लिए जल का उपयोग होना है उसी पर जल का उपचार निर्भर करेगा। उदाहरणार्थ, कृषि-कार्यों के लिए सिंचाई तथा पशुओं के लिए प्रयुक्त होनेवाले जल में जीवाणु संदूषण तथा गँदलेपन का उतना महत्त्व नहीं है जितना कि पेयजल में। सिंचाई के लिए कठोर जल का उपयोग हो सकता है किंतु कपड़े धोने के लिए यह बेकार होता है।

नगरपालिका-आपूर्ति के लिए जल को न केवल स्वच्छ तथा रोगजनक जीवाणुओं से मुक्त होना चाहिए अपितु माँग तो यह है कि जल को मृदु एवं स्वाद तथा गंध से मुक्त होना चाहिए, उसमें संक्षारण का गुण नहीं होना चाहिए। वह न तो पाइप लाइनों में पपड़ी बनाए, न ही वस्त्रों को विरंजित कर सके। अतएव जल के उपचार का उद्देश्य विसंक्रमण के अतिरिक्त उसका मृदुकरण (Softening) और उसमें से स्वाद, गंध तथा अन्य अवांछित पदार्थों को हटाकर अधिक आकर्षक एवं उपयोगी बनाना है।

संदूषक

जल के उपचार के समय जिन संदूषकों (Contaminants) से पाला पड़ता है, वे हैं—

(1) रोगजनक जीवाणु,
(2) वाइरस,
(3) कार्बनिक तथा अकार्बनिक यौगिक,
(4) आविलता (गँदलापन) तथा निलंबित ठोस,
(5) रंग,
(6) स्वाद तथा गंध,
(7) कठोरता।

उपचार विधियाँ

ये दो प्रकार की हैं—भौतिक तथा रासायनिक।

भौतिक विधि के अंतर्गत चालना/छानना, वायु-मिश्रण, ऊर्णन, अवसादन, फिल्टरन सम्मिलित हैं; जबकि रासायनिक विधि के अंतर्गत स्कंदन, विसंक्रमण, रोगाणुनाशन एवं मृदुकरण ।

किस विधि का प्रयोग किया जाए?

गंदे जल के गुण, संसाधन लागत, स्थान, भविष्य में विस्तार योजना, वांछित वहिःस्रोत, गुणवत्ता, दक्षकर्मी की उपलब्धि आदि कारक हैं जो किसी विधि के चुनाव के लिए आवश्यक हैं।

यद्यपि आज भी भंडारण (Storage) तथा अवसादन (Sedimentation) विधियाँ काम में लाई जाती हैं, किंतु वर्तमान समय में या तो इन विधियों के स्थान पर अधिक दक्ष विधियाँ काम में लाई जा रही हैं या उनमें परिवर्तन कर दिया गया है। उदाहरणार्थ, तीव्र अवसादन के लिए अब स्कंदक रसायन (Coagulants) का प्रयोग किया जाने लगा है जिसके बाद पानी को छानकर उसका रोगाणुनाशन किया जाता है।

इसी तरह वातन, रासायनिक उपचार या सक्रिय कार्बन द्वारा स्वाद तथा गंध को हटाते हैं। मृदुकरण, लौह का विलगावन, संक्षारकता को ठीक करना आदि व्यावहारिक उपचार हैं जिनका अधिकाधिक प्रयोग हो रहा है।

उपचार की किस्म इस पर भी निर्भर करती है कि आपूर्ति का स्रोत क्या है, क्योंकि स्रोत ही जल की प्रकृति को निर्धारित करता है।

हमें न केवल भू-पृष्ठ जल (Surface water) के लिए उपचार विधियाँ

खोजनी हैं अपितु भौम जल के लिए भी उपचार विधियाँ खोजनी हैं। भू-पृष्ठ जल सामान्यतः अधिक संदूषित और गँदला होता है। इसका स्कंदन, अवसादन, फिल्टरन, मृदुकरण, विसंक्रमण तथा संक्षारण दूर करना आवश्यक है। किंतु झीलों, नदियों से प्रायः शुद्ध जल मिलता है और उनमें केवल विसंक्रमण की जरूरत पड़ती है।

इसके विपरीत भौम जल स्वच्छ होता है। उसमें गँदलाहट हटाने के लिए छानने की आवश्यकता नहीं पड़ती। हाँ, उसमें से लौह हटाने, उसे मृदु बनाने तथा शल्क या पपड़ी बनने के गुण को दूर करना होता है। कूप जल में स्वाद-गंध हटाने की समस्या उत्पन्न नहीं होती। हाँ, कुछ भौम जल में हाइड्रोजन सल्फाइड (H_2S) गैस रहती है जिसे गंध तथा संक्षारण प्रकृति हटाने के लिए दूर करना आवश्यक है।

छानना (Screening)—अधिकांश उपचार संयंत्रों में पहली क्रिया छानने की होती है। प्रायः गँदले जल में छोटे-छोटे टुकड़े (कागज, तिनके) तथा चीथड़े तैरते रहते हैं। इनको छानकर अलग करना आवश्यक है, नहीं तो ये संयंत्र को हानि पहुँचा सकते हैं।

वातन—जल तथा व्यर्थ जल के उपचार में वातन अत्यधिक प्रयुक्त होता है। इस भौतिक विधि में जल में ऑक्सीजन मिलाई जाती है जिसका उद्देश्य Fe तथा Mn को ऑक्सीकृत करना, गंध तथा स्वाद दूर करना, CO_2 को हटाना तथा कवक एवं जीवाणुओं को दूर करना है। इसके लिए यांत्रिक उपकरण होता है जो जल को विलोड़ता है जिससे वायु के बुलबुले प्रवेश करते हैं।

मिश्रण/मिलाना—अधिकांश जल उपचारों में मिलाना और आलोड़न करना मुख्य विधि हैं। मिलाने का अभिप्राय है अवयवों को इच्छित एकरूपता में लाना। आलोड़न में द्रव में वेग लाया जाता है। द्रवों में अनेक रसायनों तथा गैसों को व्यासरित करने के लिए मिश्रण विधियाँ अपनाई जाती हैं। इसके लिए पंपों, वायु जेटों तथा पैडलों का प्रयोग किया जाता है। आलोड़न प्रायः फ्लाक (ऊर्ण या थक्के) उत्पन्न करने के लिए किया जाता है।

ऊर्णन—यदि जल गँदला हो तो अवसादन से जल स्वच्छ नहीं हो पाता। अतः छोटे कणों को पास-पास लाकर उन्हें अवसादन द्वारा हटाने के लिए ऊर्णन क्रियाँ कराई जाती है। इसके लिए कुछ रसायन डालने पड़ते हैं जिन्हें

ऊर्णक (Coagulants) कहते हैं जो रासायनिक ऊर्ण (थक्के) बनाते हैं। यह ऊर्ण निलंबित कणों को अधिशोषित करके, बंदी बनाकर तथा एकत्र करके बड़े-बड़े पिंड बनाता है। इसके लिए आलोड़न आवश्यक है। ये भारी कण या ऊर्ण नीचे बैठ जाते हैं। जल का गँदलापन हटाने की प्रमुख विधि ऊर्णन ही है। ऊर्णन के लिए जिन रसायनों का प्रयोग किया जाता है, वे हैं—एल्युमिनियम सल्फेट या फेरस सल्फेट। कभी-कभी ऊर्ण में जीवाणु फँसे रह जाते हैं।

अवसादन—निलंबन में से गुरुत्वाकर्षण द्वारा ठोस कणों के नीचे बैठने को अवसादन कहते हैं।

प्राकृतिक धाराओं में बहनेवाला पानी प्रायः गँदला होता है क्योंकि इसमें बालू, गाद, चिकनी मिट्टी तथा अन्य पदार्थ निलंबित रहते हैं। ज्योंही धारा का वेग मंद होने लगता है, ये बालू, गाद, तथा चिकनी मिट्टी के कुछ कण जल में नीचे बैठने लगते हैं। यदि गँदले जल को किसी कुंडी (बेसिन) में से गुजारकर शांत रहने दिया जाए तो निलंबित पदार्थ की काफी मात्रा साधारण अवसादन क्रिया से विलग हो जाती है। जल-शुद्धि में सामान्यतया इस विधि को पहले-पहल संपन्न करते हैं।

जब जल उपचार की अच्छी विधियाँ उपलब्ध नहीं थीं तो कुछ शहरों में पानी को बड़े-बड़े जलाशयों में सप्ताहों या महीनों भरा रहने देने के बाद काम में लाते थे। इस तरह से गँदलापन तथा जीवाणु संख्या में कमी आती है किंतु यह विधि न तो सस्ती है, न ही निर्भर रहने योग्य है। कुछ शहरों में जल की आपूर्ति नदियों से की जाती है। इसमें से कुछ निलंबिंत पदार्थ स्थूल होने से जल्दी नीचे बैठ जाता है, अतः पूर्व अवसादन कुंडों (बेसिनों) में जल को 3-8 घंटे तक ठहरने दिया जाता है। इससे बहुत-सी अशुद्धियाँ दूर हो जाती हैं और आगे चलकर रासायनिक विधि में कम खर्च पड़ता है। मल-जल तथा औद्योगिक जल की उपचार-विधियों में अवसादन द्वारा अकार्बनिक तथा कार्बनिक दोनों ही प्रकार के पदार्थ, जो नीचे बैठ सकते हैं या जिन्हें बैठने योग्य बना दिया जाता है, विलग किए जाते हैं।

अवसादन से बड़े कण तो नीचे बैठ जाते हैं किंतु अत्यंत महीन कण निलंबित रह जाते हैं, अतएव इन कणों को भी अवसादन द्वारा विलग करने के लिए कृत्रिम उपायों का सहारा लेना पड़ता है जिन्हें ऊर्णन कहते हैं। इसमें

छोटे कण मिलकर बड़ा गुच्छा या पुंज बनाते हैं। जल के गँदलेपन के दूर करने की यह प्रमुख विधि है।

स्कंदन—स्कंदन के लिए जिन रसायनों का प्रयोग किया जाता है वे स्कंदक (Coagulants) कहलाते हैं। इन्हें पानी में डालने से थक्के (ऊर्ण) बनते हैं जो निलंबित कणों को बंदी बनाकर बड़े पिंडों में परिणत हो जाते हैं। जल की क्षारीयता से अभिक्रिया करके ये स्कंदक रासायनिक ऊर्ण बनाते हैं—जो बादल जैसे मँडरानेवाले श्लिषीय पिंड हैं। जिन रसायनों को सामान्यतः प्रयुक्त किया जाता है वे एल्युमिनियम सल्फेट या फेरस सल्फेट हैं।

स्कंदन तीन अवस्थाओं में होता है—

(1) जल में निलंबित मृत्तिका कणों के ऋणात्मक आवेश का उदासीनीकरण,

(2) कणों का संपुंजन या स्कंदन,

(3) ऊर्ण की विशाल सतह पर कणों का अधिशोषण।

कुछ जीवाणु भी इन ऊर्णों में फँस जाते हैं और नीचे बैठ जाते हैं। पैडल वे पहिए होते हैं जिनसे पानी को हिलोड़ा जाता है। इससे ऊर्ण कण एक-दूसरे से टकराते हैं। विलोड़न ही इसमें मुख्य है।

स्कंदक मिलाने के बाद पानी को निथारक कुंडों (बेसिनों) से गुजारा जाता है। इन बेसिनों को स्वच्छक (Clarifier) कहा जाता है। यहाँ पर पानी को इतनी देर तक रुकने दिया जाता है कि ऊर्णित पदार्थ नीचे बैठ जाए।

फिल्टरन (छानना)—यह वह क्रिया है जिसमें जल तथा निलंबित पदार्थ को एक-दूसरे से विलग करने के लिए जल को सरंध्र पदार्थ से गुजारा जाता है। प्रायः मझोले आकार की बालू, एंथ्रासाइट कोयला, डायटमी मृदा या ऐसे ही अन्य पदार्थ प्रयुक्त होते हैं। बालू के छन्ने दो प्रकार के होते हैं—त्वरित छन्ने और मंद छन्ने। छन्नों के ऊपर जम जानेवाले ठोस पदार्थों को निकालते रहने की आवश्यकता होती है (प्रतिमास) जिससे छन्ने के छेद बंद न हो जाएँ। ऐसे छन्नों के लिए काफी स्थान की आवश्यकता होती है।

आजकल त्वरित छन्नों का प्रयोग होता है जिनमें दाब व्यवहृत होता है। 5-10 गैलन/मिनट/फुट^2 दर होनी चाहिए। डायटमी छन्ने इसी कोटि के हैं।

जल में से सूक्ष्मजीवों को हटाने के लिए इस्पात के फैब्रिकवाले छन्ने काम

में लाए जाते हैं। इन्हें सूक्ष्म छन्ने (micro-strainer) कहते हैं। छन्ने के ऊपर ऊर्णन-क्रिया को प्रोत्साहन मिलता है। छन्ने में यह गुण होना चाहिए कि वह ऊर्णों को गुजरने न दे, उसे सरलता से साफ किया जा सके और उसमें बाह्य गंदगी न हो।

स्वच्छ जल प्राप्त करने तथा जल में से जीवाणुओं को हटाने के लिए फिल्टरन एक आवश्यक क्रिया है। प्राकृतिक फिल्टरन भी महत्त्वपूर्ण है और भौम जल इसी विधि से प्राप्त होता है।

विसंक्रमण—जल के विसंक्रमण का अर्थ है उसमें उपस्थित सभी प्रकार के घातक जीवाणुओं का हनन। इस तरह जलवाहित रोगों से मुक्ति मिल सकती है। जल को प्रायः रोगजनक जीवाणुओं, शैवालों तथा जल के अन्य जीवों से, जो उसके रंग तथा स्वाद को बिगाड़ते हैं, मुक्त होना चाहिए।

विसंक्रमण के लिए जल को गरम करना (उबालना), पराबैंगनी किरणों का प्रयोग, पास्तुरीकरण या फिर क्लोरीन, ओज़ोन, आयोडीन तथा पोटैशियम परमैंगनेट जैसे रसायनों का प्रयोग किया जाता है।

क्लोरीनीकरण—क्लोरीन गैस तथा अन्य क्लोरीन उत्पाद (ब्लीचिंग पाउडर) आम विसंक्रमणकारी हैं। जल के शुद्धिकरण के लिए क्लोरीन का प्रयोग 1850 ई. से किया जा रहा है। सर्वप्रथम बड़े पैमाने पर इसका प्रयोग इंग्लैंड में 1904 ई. में हुआ।

जल के साथ क्लोरीन की क्रिया से हाइपोक्लोरस अम्ल तथा हाइड्रोक्लोरिक अम्ल बनते हैं—

$$Cl_2 + H_2O \rightarrow \underset{\text{हाइपोक्लोरस अम्ल}}{HOCl} + Cl^- + H^+$$

इनमें से हाइपोक्लोरस अम्ल ही विसंक्रमण तथा ऑक्सीकरण के लिए जिम्मेदार है। कार्बनिक पदार्थ, अमोनिया तथा जल में उपस्थित लोहा या H_2S का ऑक्सीकरण होता है।

क्लोरीन डालने से जल में अजीब स्वाद आ जाता है, अतः ऐसे जल को सक्रिय कार्बन में से होकर गुजारा जाता है। इसे कार्बन फिल्टर कहते हैं। किंतु प्रायः सामान्य क्लोरीनीकरण ही अपनाया जाता है। यह अनुमान लगा लिया जाता है कि इतनी क्लोरीन मिलाई जाए कि कुछ क्लोरीन शेष (0.2 मिग्रा/ली. 10 मिनट बाद) रहे। प्रायः म्यूनिसिपल तथा औद्योगिक प्रणालियाँ

सामान्य क्लोरीनीकरण ही अपनाती हैं। क्लोरीन को जल-शुद्धि के पूर्व या बाद में मिलाया जा सकता है।

पराबैंगनी किरणों से उपचार—पराबैंगनी किरणें जीवाणुओं को नष्ट करने में समर्थ हैं। स्वच्छ जल की पतली परत को इन किरणों से उपचारित किया जाता है। कम तीव्रतावाली किरणों से 24 घंटे तक क्रिया करानी पड़ती है किंतु अधिक तीव्रता होने पर यह समय कम किया जा सकता है। एक फ्यूज्ड क्वाट्र्ज लैंप, जिसमें पारद वाष्प रहता है, से विद्युत् धारा प्रवाहित करके पराबैंगनी किरणें उत्पन्न की जाती हैं। इस उपचार का लाभ यही है कि जल में कोई बुरी गंध या बुरा स्वाद नहीं आ पाता और समय कम लगता है।

ओज़ोन एक अन्य प्रबल विसंक्रमणकारी है। यूरोप के अनेक देश जल-शुद्धि में इसका प्रयोग करते हैं। ओज़ोन अस्थायी होती है अतः जल में मिलाते ही एक परमाणु ऑक्सीजन विलग कर देती है जो ऑक्सीकरण द्वारा जीवाणुओं का हनन करती है।

जल का मृदुकरण—कठोरता उत्पन्न करनेवाले खनिजों को हटाने के लिए किया जानेवाला उपचार मृदुकरण कहलाता है। अर्थात् कठोरता को हटाना मृदुकरण है।

जल की कठोरता जल में Ca, Mg, Fe, Mn, Sr, Al आयनों की उपस्थिति से उत्पन्न होती है। इनमें अधिकांश जलों में Ca, Mg आयन ही पर्याप्त मात्रा में रहते हैं।

घरों तथा उद्योगों में कठोरता हटाने की अनेक विधियाँ हैं, जिनमें दो मुख्य हैं—

(1) लाइम तथा सोडा ऐश द्वारा **मृदुकरण,**

(2) आयन विनिमय रेजिनों द्वारा **मृदुकरण।**

प्रथम विधि में लाइम ($Ca(OH)_2$) तथा सोडा ऐश (Na_2CO_3) को जल में डाला जाता है। इससे कैल्सियम कार्बोनेट ($CaCO_3$) तथा मैगनीशियम हाइड्रॉक्साइड ($Mg(OH)_2$) अवक्षेप बनते हैं जिन्हें अवसादन द्वारा हटा दिया जाता है। इनकी कितनी मात्रा मिलाई जाए, इसके लिए पूर्व-परीक्षण करना होता है।

आयन विनिमय विधियों में जेयोलाइट प्रयोग किया जाता है। इसमें उपस्थित सोडियम (Na^+) आयनों से कैल्सियम तथा मैग्नीशियम (Ca^{++},

Mg^{++}) का विनिमय होता है जिससे ये दोनों आयन जियोलाइट में संयुक्त हो जाते हैं और जल मृदु बन जाता है। इस विधि से शून्य कठोरतावाला जल प्राप्त होता है जो पीने के लिए अच्छा नहीं होता। हाँ, उद्योगों में इसकी माँग है। कुछ प्राकृतिक खनिजों में यथा ग्लाकोनाइट में जियोलाइट जैसा गुण पाया जाता है। न्यूजर्सी अमेरिका में बहुत समय तक जल मृदुकरण के लिए ग्लाकोनाइट का ही प्रयोग होता रहा, किंतु 1935 के बाद संश्लिष्ट रेजिनों का प्रयोग चालू हुआ।

इस विधि से केवल वे ही यौगिक विलग हो सकते हैं जो आयन बनाते हों। शर्करा इससे विलग नहीं हो सकती। आयन विनिमय रेजिनों का पुनर्जनन हो सकता है।

क्या समुद्री जल की लवणता दूर की जा सकती है?

समुद्री जल में 35,000 पी.पी.एम. या इससे अधिक विलयित ठोस रहते हैं। विलवणीकरण का अर्थ है विलयित खनिजों की मात्रा घटाकर 500-1000 पी.पी.एम. परास (range) में ला देना। कुछ-कुछ लवणीय जल (1000-3000 पी. पी. एम.) का प्रयोग प्रायः अधिकांश शहरों में नागरिक उपयोगों के लिए किया जाता है। आयन विनिमय विधि से खारे पानी को विलवणित किया जा सकता है, किंतु लागत अधिक बैठती है। एक अनुमान के अनुसार 1,000 गैलन शुद्ध जल पाने के लिए 1 डॉलर खर्च करना होता है।

आसवन, विद्युत् अपोहन (dialysis) या आस्मोसिस (Osmosis) तथा अन्य विधियों से भी खारे जल से पेयजल प्राप्त किया जाता है।

समुद्री मछलियाँ कैसे जीवित हैं? उन्होंने ऐसी अपोहन विधि विकसित कर रखी है कि उन्हें पेयजल मिल जाता है।

स्वाद तथा गंध पर नियंत्रण

अवांछनीय स्वाद तथा गंध से जल पीने के अयोग्य बनता है और ऐसे स्वाद-गंधवाले जल का उपयोग भोजन बनाने तथा पेयों में नहीं हो सकता।

स्वाद तथा गंध के लिए निम्नलिखित कारण उत्तरदायी हैं—

(1) विलयित गैसें, (2) शैवाल, (3) विघटित हो रहा कार्बनिक पदार्थ,

(4) क्लोरीन, तथा (5) विविध औद्योगिक अपशिष्ट।

स्वाद-गंध पर नियंत्रण के लिए सक्रिय कार्बन, अधिक क्लोरीन, ओज़ोन, तथा वातन का प्रयोग किया जाता है। सक्रिय कार्बन द्वारा जल से कार्बनिक संदूषक विलग हो जाते हैं। यह कार्बन इन संदूषकों को अधिशोषित कर लेता है। ऐसा अनुमान है कि 1 पौंड सक्रिय कार्बन में 100 एकड़ से भी अधिक पृष्ठ क्षेत्रफल होता है। इस कार्बन को सूखे रूप में या पंक रूप में मिला दिया जाता है और बाद में छानकर अलग कर दिया जाता है। प्रायः प्रति लीटर के लिए 100 मिग्रा. कार्बन की आवश्यकता पड़ती है।

11

जलदाय तथा स्वच्छता से संबंधित स्वास्थ्य समस्याएँ

सन् 1978 में अंतरराष्ट्रीय प्राथमिक सुरक्षा गोष्ठी में यह कहा गया कि सन् 2000 तक सभी को स्वास्थ्य प्रदान करने के लिए प्रमुख सेवाएँ उपलब्ध कराना आवश्यक है। इस उद्देश्य की पूर्ति के लिए स्वास्थ्य कार्यक्रमों के अभिन्न अंग स्वास्थ्य-शिक्षा को सम्मिलित किया जाना अनिवार्य हो जाता है, जिसके अंतर्गत जनसमुदाय को प्रोत्साहन देना, जानकारी उपलब्ध कराना, उनके आचार-विचार और व्यवहार में परिवर्तन लाना है।

जलदाय और स्वच्छता सुविधाओं के बिना सामाजिक और आर्थिक विकास संभव नहीं। स्वच्छ पेयजल समुचित मात्रा में यदि ग्रामीण स्तर पर सुलभ कराया जाए तो समय, जन-शक्ति एवं जल से संबंधित रोगों से होनेवाली मृत्यु-दर में कमी के द्वारा उत्पादकता में वृद्धि लाई जा सकती है।

अनेक बीमारियाँ, जो जल के माध्यम से फैलती हैं, जल में उत्पन्न और जल से संबंधित रोगों के अंतर्गत रखी गई हैं। स्वच्छ पेयजल उपलब्ध कराकर मानव स्वास्थ्य को इन बीमारियों से बचाया जा सकता है।

अंतरराष्ट्रीय पेय जलदाय और स्वच्छता दशक (1981-90) के अंतर्गत देश और विदेशों में संपन्न किए गए कार्यों के अंतर्गत जलदाय योजनाओं में महिलाओं की भागीदारी के महत्त्व को समझा गया है। संयुक्त राष्ट्र विकास कार्यक्रम के एक अध्ययन द्वारा यह निष्कर्ष निकाला गया है कि दक्षतापूर्ण और संगठित रूप से महिलाओं के सहयोग से योजनाओं को सुचारु रूप से तीव्र गति से पूर्ण करने में महत्त्वपूर्ण योगदान मिलता है। घरेलू जल-संग्रह और स्वच्छता का प्रबंधक मात्र मानने के अतिरिक्त महिलाओं को सभी संबंधित परियोजनाओं में प्रारंभ से सम्मिलित करके उनकी क्षमता का पूर्ण लाभ लिया जा सकता है।

जल से संबंधित संक्रमण का पर्यावरणीय वर्गीकरण विभिन्न रोगों के विवरण के साथ सारणी 11.1 में दर्शाया गया है।

सारणी 11.1

जल संबंधित संक्रमण का पर्यावरणीय वर्गीकरण

वर्ग	संक्रमण
(क) जल-मल प्रदूषित	विभिन्न प्रकार के पेचिश और अतिसार (अमीबायोसिस, हैजा, ई. कोलाई-डायरिया, जियारडियासिस, रोटा-वायरस-जियारडियासिस सालमो-निलोसिस, सिगलोसिस या बैसीलरी पेचिश आदि), एंटरिक ज्वर (टायफाइड), पोलियो, हेपेटायसिस 'ए', लेप्टोपिरोसिस, एस्कैरिस, ट्रिचूरियासिस आदि।
(ख) प्रदूषित प्रक्षालित जल	
(i) चर्म एवं चक्षु संक्रमण	संक्रामक चर्म रोग एवं संक्रामक चक्षु रोग।
(ii) अन्य	चीलर एवं जूँ से संबंधित बार-बार आनेवाला बुखार एवं अन्य रोग।
(ग) जल पर आधारित रोग	
(i) चर्म-भेदक	सिस्टोसोमाइसिस।
(ii) प्रदूषित जल-सेवन से उत्पन्न रोग	गीनिया वर्म, विभिन्न प्रकार के कृमि रोग।

(घ) जल से संबंधित रोगवाहक कीट	
(i) जल के निकट काटने-वाले कीट	स्लीपिंग सिकनेस।
(ii) जल में अंडे देनेवाले कीट	मलेरिया, फाइलेरिया, डेंगू, पीत-ज्वर आदि।

ग्रामीण क्षेत्रों में प्रदूषण की समस्याएँ

ग्रामीण क्षेत्रों में जल की आवश्यकतापूर्ति प्रमुखतया भौम जल और अंशतः निकटवर्ती सतही जलस्रोतों से होती है। निरंतर जल की गुणवत्ता जाँच के आधार पर यह निष्कर्ष निकाला गया है कि इन स्रोतों के प्रदूषण के निम्नलिखित कारण हैं—

(क) मल निष्कासन,

(ख) विषैले पदार्थों का जल में निष्कासन एवं भंडारन,

(ग) प्रकृति और मानव-निर्मित उर्वरकों और कीटनाशकों का कृषि उत्पादन में उपयोग, तथा

(घ) वायु में विद्यमान प्रदूषणकारी पदार्थों का भौम जल में प्रवेश।

भारत में 80 प्रतिशत से अधिक जनता गाँवों में निवास करती है। उनमें से अधिसंख्य लोग शौच के लिए खुले स्थानों में जाना सुविधाजनक समझते हैं, जिसके परिणामस्वरूप मानव मल से वातावरण प्रदूषित होता है। अतः गाँवों में मल से उत्पन्न रोगों की रोकथाम करने की दिशा में प्रमुख कार्यक्रम के अंतर्गत ग्रामीण स्वच्छता कार्यक्रमों में मानव-मल का उचित परिचालन करना है।

जलदाय और स्वच्छता से संबंधित प्रमुख बीमारियाँ

जलदाय और स्वच्छता से संबंधित प्रमुख बीमारियों को प्रदूषणों और उनके संक्रमण की प्रक्रिया के आधार पर **सात** वर्गों में विभाजित किया गया है—

(1) पेचिश, अतिसार, मियादी बुखार, हैजा और अन्य एंटरिक बीमारियाँ—

ये सभी रोग रोगी मनुष्य के मल में उपस्थित विषाणु-जीवाणु और प्रोटोजोआ की उपस्थिति के कारण होते हैं। यदि पेय जलदाय प्रणाली में यह

दूषित मल किसी प्रकार से प्रवेश कर जाता है तो जल को प्रदूषित कर सभी ग्रहण करनेवाले व्यक्तियों को प्रभावित करता है। इसका प्रसारण सदा मल प्रदूषित जल के मुख द्वारा सेवन करने से ही होता है।

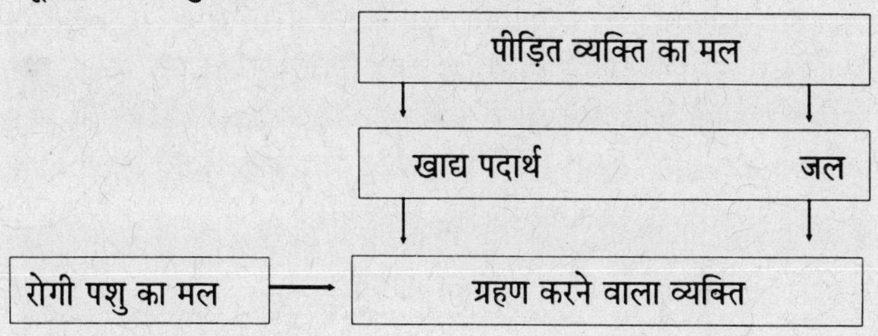

(2) वायरस रोग–

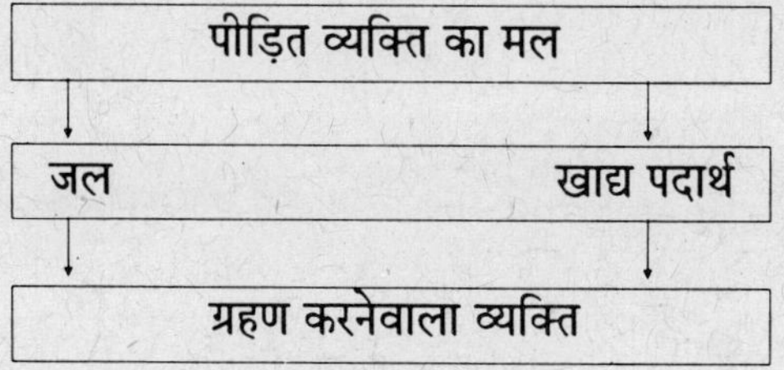

इस रोग-समूह के अंतर्गत पोलियो और पीलिया (हेपेटाइटिस 'ए') की बीमारियाँ, जो रोगी मनुष्य के सीधे संपर्क या उसके द्वारा संक्रमित भोजन या जल के सेवन से फैलती हैं, सभी परिस्थितियों में रोगी मनुष्य के मल में ये विषाणु रहते हैं जो उपर्युक्त माध्यमों से मनुष्य के शरीर में प्रवेश कर रोग का कारण बनते हैं।

(3) कृमि-संक्रमण (बिना माध्यम के) –

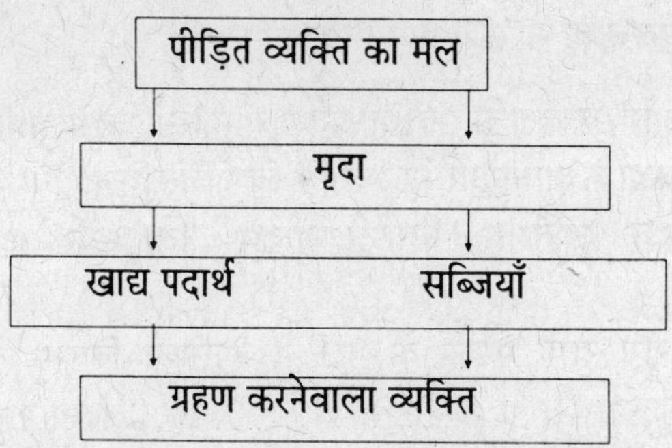

इस रोग-समूह के अंतर्गत गोल कृमि (ऐस्केरिस या हुक वर्म) और सूत्र कृमि (ट्रिचूरिस या थ्रेड वर्म) से उत्पन्न रोग सम्मिलित हैं। मनुष्य की आँतों में वयस्क कृमि रहते हैं और इन कृमियों के अंडे एवं लार्वे मनुष्य के मल के साथ निष्कासित होते हैं। ये नम एवं गरम मिट्टी में 10 से 40 दिनों के बीच में रहने के उपरांत संक्रमण का कारण बनते हैं। इनसे संक्रमित भोजन, धूल, मिट्टी, सब्जियाँ आदि जब मनुष्य ग्रहण करता है तो इससे प्रभावित हो जाता है। यदा-कदा इसके सूक्ष्म लार्वे नंगे पैरों द्वारा विचरण करनेवाले व्यक्तियों के पैरों की त्वचा में भी प्रवेश कर संक्रमित कर देते हैं।

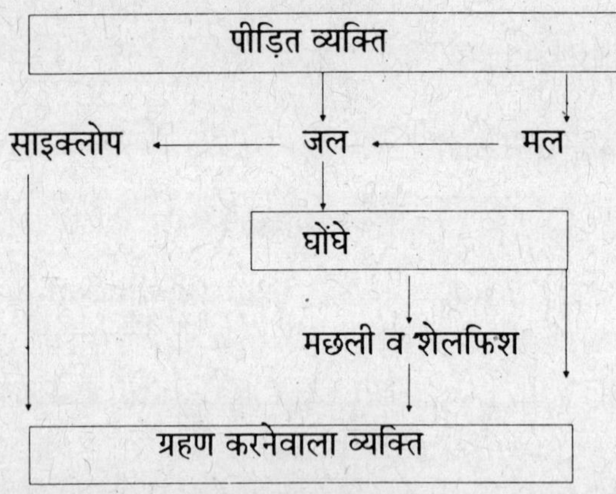

(4) कृमि संक्रमण (जलीय माध्यम द्वारा) —

इस रोग-समूह के अंतर्गत वे कृमि संक्रमण सम्मिलित हैं जो जल में रहनेवाले जीवों के माध्यम से फैलते हैं।

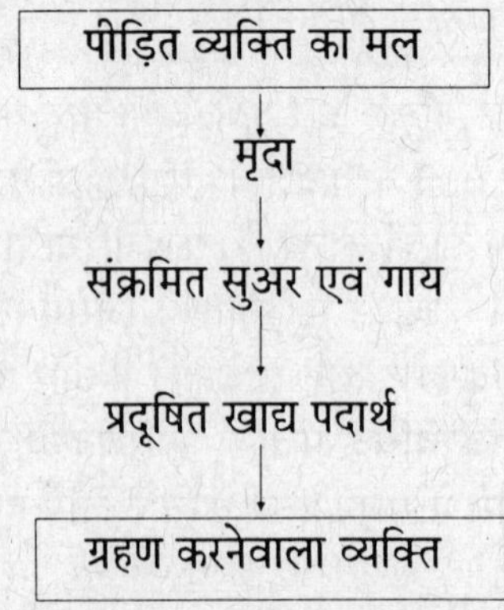

(5) कृमि संक्रमण पशु (सुअर एवं गाय के माध्यम से) –

इस रोग-समूह में मुख्यतः फीताकृमि से उत्पन्न रोग आते हैं। पीड़ित व्यक्ति के शरीर से विकसित अंडों के साथ मल को जब कोई गाय या सुअर खा लेता है तो संक्रमित हो जाता है। इन गायों और सुअरों के अधपके मांस को खाने से मनुष्य फीताकृमि से उत्पन्न होनेवाले रोगों से पीड़ित हो जाता है। गाय के शरीर में टीनिया सेजेनेटा, सुअर के शरीर में टीनिया सोलियम जाति के फीताकृमि पनपते हैं।

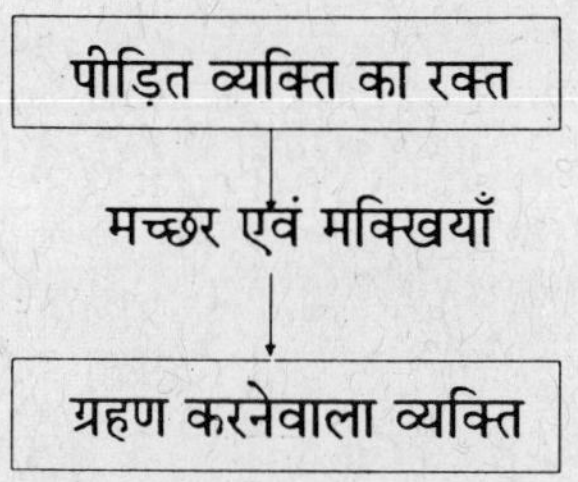

(6) जल से संबंधित कीटों द्वारा फैलनेवाली बीमारियाँ–

इस रोग-समूह में विभिन्न प्रकार के मलेरिया, फाइलेरिया, डेंगू, पीत-ज्वर आदि सम्मिलित हैं। मलेरिया रोग एक व्यक्ति से दूसरे व्यक्ति में एनाफिलीज वंश की चार उपजाति के मच्छरों—(1) प्लाजमोडियम फालसीपेरम, (2) प्लाजमोडियम विवाक्स, (3) प्लाजमोडियम ओवेल, तथा (4) प्लाजमोडियम मलेरी नाम के मच्छरों के द्वारा फैलता है, जिसके प्रभाव से मनुष्य कुछ सप्ताहों तक पीड़ित रहता है। इस रोग में तीव्र ज्वर, जी मिचलाना, सिरदर्द व पसीना आना सम्मिलित हैं। गंभीर प्रकार का मलेरिया प्लाजमोडियम फालसीपेरम नामक मच्छर के काटने से फैलता है और यकृत तथा केंद्रीय स्नायु संस्थान प्रणाली को प्रभावित कर मूर्च्छा और कभी-कभी मृत्यु का कारण बनता है। प्रायः मादा मच्छर ही अपने अंडों के पोषण के लिए जीवों के रक्त को चूसती हैं। ये मच्छर अधिकतर शाम को ही काटते हैं। फाइलेरिया रोग क्यूलेक्स पाइपियनस नामक मच्छरों के रात्रि में काटने से फैलता है, जिसमें लिंफ ग्रंथियों में सूत्र कृमि विकसित होते हैं जो कि छोटे-छोटे लार्वे होते हैं और अत्यधिक संख्या में रक्त में प्रवाहित करते हैं। अत्यधिक मात्रा में उपस्थित ये कृमि लिंफ नलिकाओं में गतिरोध उत्पन्न कर पैरों में सूजन प्रकट करते हैं जिसे हाथी पाँव या फीलपाँव के नाम से जाना जाता है। डेंगू और पीत ज्वर और दूसरे विषाणु संक्रमण एंडीज

इजिप्टाई नामक उपजाति के मच्छरों द्वारा फैलते हैं। ये मच्छर विशेषकर नगरीय क्षेत्रों में एक व्यक्ति से दूसरे व्यक्ति के शरीर में विषाणु संचालित कर रक्तस्रावी ज्वर फैलाते हैं। यह उपजाति एक पालतू मच्छर है जो साफ पानी के अधभरे छोटे पोखर, ड्रम, टंकियों, रबर के टायरों, पेड़ों के खोखों, मटकों, ढोलों आदि में पनपते हैं।

(7) जल से संबंधित त्वचा, नेत्र व अन्य रोग—

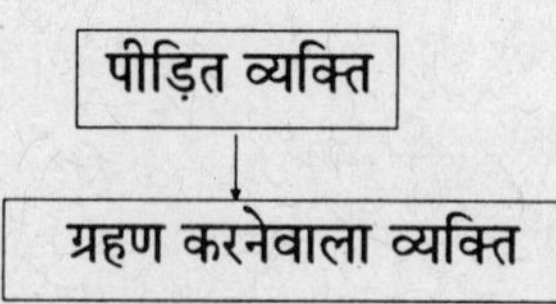

उक्त मिश्रित संक्रमण के रोग-समूह जल में उत्पन्न कीटाणु या जीवों तथा जल-मल से प्रदूषित जल से संबंधित नहीं हैं, परंतु इनका फैलाव व्यक्ति की स्वच्छता के अभाव में होता है। त्वचा के रोगों के अंतर्गत दाद, खाज, खुजली के संक्रमण, त्वचीय फुंसी, फोड़े और स्कैबीज रोग प्रमुख हैं। नेत्र संक्रमणों के अंतर्गत प्रमुख रोगों में रोहे, कंजक्टीवाइसिस,. सूजन व नेत्र फ्लू आते हैं जिनका प्रसार रूक्ष क्षेत्रों में अत्यधिक पाया गया है। नेत्र स्राव का उँगलियों, कपड़ों और मक्खियों के द्वारा पीड़ित व्यक्ति से दूसरे व्यक्ति में फैलना ही इसके संक्रमण का कारण है।

अन्य बीमारियों के अंतर्गत व्यक्तिगत स्वच्छता के अभाव में फैलनेवाले वे रोग हैं जो खटमल, जूँ, चीलर, पिस्सू आदि कीड़ों से फैलते हैं। ये प्रायः निर्धन, घनी बसी बस्तियों में, प्रमुखतः शीत ऋतु में होते हैं, जब मनुष्य अधिक दिनों तक कपड़े नहीं बदलता या नहीं धोता है और स्वच्छ नहीं रहता है।

रोग उपचार और नियंत्रण

(1) स्वच्छ पेयजल व्यवस्था में सुधार,
(2) पेयजल की उपलब्धि के साथ-साथ उपभोग में समन्वयन और की निष्कासन व्यवस्था,
(3) जल-भंडारण, वितरण, और रख-रखाव में सुधार,
(4) भोजन तथा व्यक्तिगत और घरेलू स्वच्छता,
(5) तकनीकी और शैक्षणिक उपाय,

(6) ओषधि उपयोग, तथा

(7) जन-भावना और संस्कृति को ध्यान में रखते हुए जल से संबंधित रोगों की समझ के साथ-साथ जनसमुदाय, विशेषकर महिलाओं, की इन कार्यक्रमों में भागीदारी।

संयुक्त राष्ट्र विकास कार्यक्रम और यूनीसेफ के अतिरिक्त अन्य अंतरराष्ट्रीय संस्थाओं ने स्वास्थ्य की समस्याओं को दूषित जल और अस्वच्छ परिस्थितियों से जोड़ते हुए यह निष्कर्ष निकाला है कि विकासशील देशों में 5 वर्ष तक की आयु के लगभग 40 लाख बच्चे प्रतिवर्ष प्रदूषित जल और अस्वच्छ पर्यावरण से उत्पन्न दस्त और पेचिश की बीमारियों से मृत्यु को प्राप्त हो जाते हैं। दूसरा निष्कर्ष यह भी है कि करोड़ों लोग, विशेषकर महिलाएँ और बच्चे, अपने जीवन की अत्यधिक शक्ति और समय दूरस्थ क्षेत्रों से जल संग्रह में व्यय करते हैं। पूरे विश्व में किए गए प्रयासों के अंतर्गत प्रत्येक व्यक्ति को स्वच्छ पेयजल और स्वच्छ वातावरण उपलब्ध कराने की दिशा में संयुक्त प्रयास किए जा रहे हैं। भारत सरकार ने भी 1986 में न्यूनतम आवश्यकता कार्यक्रम और त्वरित ग्रामीण जलदाय कार्यक्रमों पर बल देने की दिशा में 'राष्ट्रीय पेयजल मिशन' का गठन किया, जिसके अंतर्गत पूर्णरूप से इस दिशा में प्रयास किए गए हैं। अंतरराष्ट्रीय पेय जलदाय और स्वच्छता दशक 1981-1990 कार्यक्रमों के अंतर्गत कमियाँ व सुझाव प्रकाश में लाए गए हैं। सितंबर 1990 में संयुक्त राष्ट्र कार्यक्रमों के अंतर्गत एक अंतरराष्ट्रीय बैठक का आयोजन नई दिल्ली में किया गया जिसमें दशक के कार्यक्रमों और भविष्य के कार्यक्रमों पर चर्चा हुई।

जनसमुदाय की भागीदारी

जनसमुदाय की भागीदारी से प्रमुख तात्पर्य है कि लोग अपनी समस्याओं का समाधान स्वयं करें ताकि उनमें उत्तरदायित्व की भावना का विकास हो।

ग्रामीण जलदाय योजना में भाग लेनेवाले व्यक्तियों में निर्धन-से-निर्धन, सभी धार्मिक समूह, सभी सामाजिक-आर्थिक समूह, व्यवसायी, जननेता, शिक्षक, स्थानीय चिकित्सक, स्वास्थ्य सेवक और स्वयंसेवी संस्थाओं व पंचायत, और नगर परिषदों के सदस्य सम्मिलित होने चाहिए। इस दिशा में 'पानी पंचायत' की भूमिका अत्यंत प्रभावकारी सिद्ध हो सकती है।

महिलाओं की भागीदारी

महिलाएँ घर में उपयोग में आनेवाले जल की प्रमुख वाहक, प्रबंधक तथा परिवार के स्वास्थ्य की अलंबरदार हैं। अतः वे जल व स्वच्छता की समस्याओं के समाधान के लिए प्रारंभिक और सृजनात्मक अछूता भंडार हैं जिनका अभी तक पूर्ण उपयोग नहीं किया गया। महिलाओं का इस क्षेत्र में ज्ञान व दक्षता का उपयोग करने के लिए 1983 में संयुक्त राष्ट्र विकास कार्यक्रम के अंतर्गत एक परियोजना प्रोबेसेस (प्रमोशन ऑफ दी रोल ऑफ वूमन इन वाटर एंड एनवाइयरमेंटल सेनीटेशन सर्विसेज) नाम से की गई है। विश्व में अफ्रीका, अरब प्रांतों, एशिया और लेटिन अमेरिका के 20 देशों में इस कार्यक्रम के अंतर्गत अनेक कार्य किए गए हैं।

12

जल प्रदूषण-नियंत्रण

जैसाकि अभी तक के विवरण से स्पष्ट हो चुका है, जल प्रदूषण के लिए मुख्यतः मल-जल तथा औद्योगिक बहिःस्राव ही उत्तरदायी हैं। भारत में जल प्रदूषण का सबसे प्रमुख कारण बड़ी-बड़ी मानव बस्तियों से निकला मल-जल है। किंतु विकसित देशों में म्यूनिसिपल सीवरों में ही औद्योगिक अपशिष्टों को भी बहा दिया जाता है। अतएव जब ऐसा मल-जल नदियों, झीलों या समुद्रों में मिलता है तो घोर प्रदूषण उत्पन्न होता है।

हमारे देश के 142 प्रथम श्रेणी के शहरों में से 15 में पूरी तरह सीवर बने हैं। द्वितीय श्रेणी के 190 शहरों में से अभी तक केवल 7 में सीवर प्रणाली है। प्रथम तथा द्वितीय श्रेणी के उन नगरों की संख्या क्रमश 8 तथा 3 है जिनमें सीवर प्रणाली के साथ ही मल-जल उपचार की भी व्यवस्था है।

देहाती क्षेत्रों में मल-निपटान खुले क्षेत्रों में होने से गंदगी निरंतर फैलती रहती है।

हमारे देश में कुल उद्योगों की संख्या 2,500-3,000 तक है, किंतु इनमें से 1,700 उद्योग ऐसे हैं जिनसे प्रदूषण का जन्म होता है। बड़े उद्योगों से सारे अपशिष्ट का 70% निकलता है और इस अपशिष्ट के लिए 711 उद्योग जिम्मेदार हैं, किंतु इन उद्योगों में अपशिष्ट के उपचार की भी व्यवस्था है।

जल प्रदूषण को रोकने की दिशा में जल कानून (Water Act), 1974 एक उल्लेखनीय कदम है। इसका उद्देश्य जल प्रदूषण की रोकथाम करना तथा नियंत्रण रखना और जल की सुस्वादुता को बनाए रखना है। जल प्रदूषण की रोकथाम के लिए परिषदों की स्थापना करना तथा इन परिषदों को जल प्रदूषण से संबंधित विषयों के लिए अधिकार तथा कार्य प्रदान करना है।

1977 में 'जल चुंगी कानून' पारित हुआ जिसके अनुसार उद्योगों द्वारा तथा स्थानीय निकायों द्वारा उपयोग किए जानेवाले जल पर चुंगी लगाकर कर वसूल कियाँ जा सकता है।

इन दोनों नियंत्रण अधिनियमों का मूल उद्देश्य जल की गुणवत्ता को बनाए रखना है। किंतु प्रश्न है कि जल कितना शुद्ध हो और जल की गुणवत्ता को किस हद तक सुधारा जाए? सबसे आसान हल यही है कि प्रदूषकों को जल में निपटान करने की सख्त मनाही हो और जो इन नियमों का उल्लंघन करे उसे दंडित किया जाए।

जल प्रदूषण पर नियंत्रण हेतु जो भी अधिनियम बनते हैं उनको लागू करने के लिए विस्तृत **निगरानी** तथा **मानिटरन** की आवश्यकता है। मानिटरन का अर्थ है समय-समय पर जल के मानकों के लिए परीक्षण। यह अत्यंत आवश्यक कार्य है। म्यूनिसिपल बहिःस्रावों की सबसे बड़ी विशेषता उच्च बी.ओ.डी. है। यदि सीवर में पशुओं का मल-मूत्र बहने दिया जाता है तो सीवर लाइनें अवरुद्ध हो सकती हैं। इतना ही नहीं, बरतन माँजने के लिए बालू-राख का प्रयोग होने से मल-जल में काफी खुरदरा पदार्थ मिला रहता है।

'विश्व स्वास्थ्य संगठन' हमारे देश को जल प्रदूषण की रोकथाम में सहायता दे रहा है। गंगा को स्वच्छ बनाने का जो अभियान चालू हुआ है उससे अब विश्वास होने लगा है कि देश की अन्य नदियाँ स्वच्छ हो सकेंगी। जनता में जागरूकता आने से यह कार्य कुछ सहज हो सकेगा।

जल प्रदूषण दूर करने की विधियों से जल को कुछ हद तक शुद्ध किया जा सकता है, किंतु ऐसे जल का पुनः उपयोग होना चाहिए।

शहरों से, उद्योगों तथा कृषि कार्यों से निकले अपशिष्टों तथा मल-जल का उपयोग करके जल-प्रदूषण को नियंत्रित किया जा सकता है। व्यर्थ जल में चीन में मछली-पालन मुख्य व्यवसाय है। हमारे देश में पश्चिम बंगाल में मछली-पालन के लिए छोटे-छोटे तालाब बनाए जाते हैं।

भूमि सिंचाई के लिए ऐसे जल का उपयोग किया जा सकता है, किंतु औद्योगिक अपशिष्टों में अधिक क्षार, अम्ल तथा भारी धातुएँ मिली रहने के कारण ऐसे जल द्वारा सिंचाई करने से वनस्पतियों में भारी धातुओं की सांद्रता बढ़ सकती है।

मल-जल का सबसे अच्छा उपयोग है कि उसमें जलकुंभी (Water hyacinth) उगने दी जाए। यद्यपि यह खरपतवार लाभकारी नहीं माना जाता, किंतु इसमें भारी धातुओं को शोषित करने की अभूतपूर्व क्षमता है। यह अतिशीघ्र बढ़नेवाली वनस्पति है। आठ महीने में एक पौधे से एक लाख पौधे

बन जाते हैं। यह मल-जल के फास्फोरस तथा नाइट्रेट को अवशोषित करके सुपोषण को रोकती है। अनुमान है कि प्रतिवर्ष एक एकड़ क्षेत्रफल मल-जल से जलकुंभी 1,394.5 किलोग्राम नाइट्रोजन को अवशोषित कर सकती है। इस तरह यह पौधा BOD, COD, फास्फोरस, नाइट्रोजन आदि के स्तर में काफी कमी ला देता है।

चीनी मिलों, दुग्धशालाओं, चर्म उद्योग, कागज उद्योग से निकले अपशिष्ट में भी जलकुंभी उग सकती है। यह कैडमियम, लेड, पारद तथा निकेल की बड़ी मात्रा अवशोषित कर लेती है।

इस तरह उगी जलकुंभी का उपयोग बायोगैस बनाने में हो सकता है किंतु चारे के रूप में इसका उपयोग वर्जित है।

परिशिष्ट

उपयोगी सूचनाएँ, आँकड़े आदि

जल एक विलक्षण पदार्थ

सूत्र—H_2O

अणुभार—18

घनत्व—1 ग्राम प्रति घन सें.मी. (अधिकतम 4° सेंटीग्रेड पर)

गलनांक—0 डिग्री सेंटीग्रेड

क्वथनांक—100 डिग्री सेंटीग्रेड

गुप्त उष्मा—बर्फ और भाप की 80 और 536 कैलोरी प्रति ग्राम

सर्वोत्तम विलायक

जल तथा मल-जल के प्रयोग

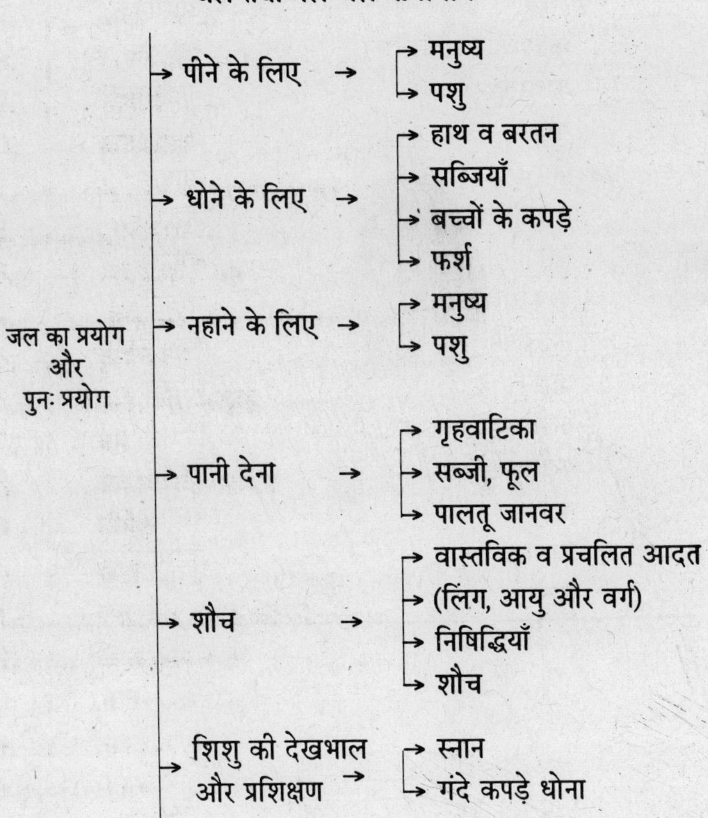

जल-मल का निष्कासन और पुनः उपयोग →
- → हाथ धोना
- → शौचालय की सफाई
- → दैनिक
- → मासिक
- → वार्षिक

जल की गुणवत्ता के मूल्यांकन हेतु मापदंड

क्षारीयता	विषैले पदार्थ
बी.ओ.डी. (5 दिन)	लेश तत्त्व
कोलीफार्म	एल्यूमीनियम
रंग	आर्सेनिक
घुलनशील ऑक्सीजन	बोरियम
कठोरता	कैडमियम
गंध	क्रोमियम
पीएच	आयरन
लवणीयता	लेड
ताप	मैंगनीज
कुल ठोस पदार्थ	मरकरी
गँदलापन	सेलीनियम
बोरान	सिल्वर
क्लोराइड	टिन
फ्लोराइड	जिंक
नाइट्रेट	पेस्टीसाइड
फास्फेट	रेडियोएक्टिविटी
सल्फेट	

पीने के पानी में लेश तत्त्वों या धातुओं की अधिकतम अनुमत सांद्रता

तत्त्व या धातु	अधिकतम अनुमत सांद्रता (मि.ग्रा./ली.)
मरकरी	0.001
कैडमियम	0.01
सेलेनियम	0.01
आर्सेनिक	0.05
क्रोमियम	0.05
कॉपर	0.05
मैंगनीज	0.05
लेड	0.1
आयरन	0.1
जिंक	5.0

स्रोत—विश्व स्वास्थ्य संघटन (1971)

सिंचाई जल में लेश तत्त्वों की संस्तुत अधिकतम सांद्रता

तत्त्व	संस्तुत अधिकतम सांद्रता (मि.ग्रा./ली.)
1. एल्यूमीनियम	5.00
आयरन	5.00
लेड	5.00
2. फ्लोराइड	1.00
3. जिंक	2.00
4. कॉपर	0.20
मैंगनीज	0.20
निकेल	0.20

तत्त्व	संस्तुत अधिकतम सांद्रता (मि.ग्रा./ली.)
5. आर्सेनिक	0.10
बेरीलियम	0.10
क्रोमियम	0.10
6. कोबाल्ट	0.05
7. सेलीनियम	0.02
8. कैडमियम	0.01
मालिब्डिनम	0.01

पीने के पानी में विभिन्न लेश तत्त्वों की अधिकतम स्वीकार्य सांद्रता

लेश तत्त्व	अधिकतम स्वीकार्य सांद्रता (माइक्रोग्राम/ली.)
मरकरी	1
कैडमियम	10
सेलेनियम	10
आर्सेनिक	50
क्रोमियम	50
कॉपर	50
मैंगनीज	50
जिंक	50
लेड	100
आयरन	100

सौंदर्य और स्वाद से संबंधित पदार्थों की मात्रा से संबंधित दिशा निर्देश मान

पदार्थ	गाइड लाइन वैल्यू *
एल्यूमीनियम	0.2
क्लोराइड	250.0
कॉपर कलर	15.0
कॉपर	1.0
कठोरता	500.0
लौह	0.3
मैंगनीज़	0.1
पीएच	6.5-8.5
कुल घुलनशील लवण	1000.0
सल्फेट	400.0
गँदलापन	5.0
जिंक	5.0

* मि.ग्रा./ली.

अनुपचारित मल-जल का विश्लेषण

अवयव	परास
पीएच मान	6.8-7.8
विद्युत् चालकता $\times 16^6$, 25° सें.	800-2500
बी.ओ. डी. 5 दिन 20° सें.	86-600
कैल्सियम (पी.पी.एम.)	20-60
मैग्नीशियम (पी.पी.एम.)	10-40
सोडियम (पी.पी.एम.)	70-360
पोटैशियम (पी.पी.एम.)	20-120
बाइकार्बोनेट (पी.पी.एम.)	240-350
क्लोराइड (पी.पी.एम.)	40-600
सल्फेट (पी.पी.एम.)	25-125
नाइट्रेट (पी.पी.एम.)	0-10
बोरन (पी.पी.एम.)	0.30-1.20
विभिन्न सिलीकेट (पी.पी. एम.)	15-35

विभिन्न प्रदूषकों द्वारा पौधों में उत्पन्न विषैले लक्षण

तत्त्व	विषैले लक्षण
एल्युमीनियम	चित्तीदार धब्बे पड़ना।
कोबाल्ट	पत्तियों में सफेद मृत धब्बे पड़ना।
कैडमियम	पत्तियों की नसों के बीच पीत-श्वेत क्लोरोफिल रहित धब्बे पड़ना जो आयु के साथ लाल भूरे रंग में परिवर्तित हो जाते हैं।
क्रोमियम	हरी नसों के साथ पीली पत्तियों तथा निचली पत्तियों पर शुष्क मृत धब्बे पड़ना।
आयरन	वृद्धि रुकना, रेशेदार जड़ें, जड़ दुर्बलता।
मैंगनीज	मुड़ी हुई क्लोरोफिल रहित पत्तियाँ तथा पत्तियों के किनारों पर मृत क्षेत्र।
मालिब्डिनम	रुकी हुई वृद्धि, पीला-नारंगी रंग।

तत्त्व	विषैले लक्षण
निकेल	पत्तियों पर सफेद मृत धब्बे अथवा क्लोरोफिल रहित धब्बे असामान्य रूप में वृद्धि।
जिंक	हरी नसों से युक्त क्लोरोफिल रहित पत्तियाँ, सफेद बौने रूप में, पत्तियों के सिरे पर मृत क्षेत्र।

कुछ व्यापारिक पेस्टीसाइडों की अधिकतम स्वीकार्य सांद्रता

पेस्टीसाइड	खाद्य पदार्थ	अधिकतम स्वीकार्य सांद्रता (मिग्रा./किग्रा.)
1. आर्गेनोक्लोरीन कीटनाशी		
एल्ड्रिन अथवा डाइएल्ड्रिन	पालक, मेथी, धनिया, आलू, खीरा, फूलगोभी	0.1
बी.एच.सी.	पालक, मेथी, धनिया, खीरा, फूलगोभी	3.0
डी.डी.टी	आलू, गाजर, पातगोभी,	1.0
	पालक, फूलगोभी, सेम, मेथी, टमाटर, बैंगन, खीरा	7.0
हेप्टाक्लोर	पालक, मेथी, धनिया,	0.1
	क्लस्टरबीन, खीरा, फूलगोभी	0.05
लिंडेन	पालक	0.2
	मेथी, धनिया, सेम, पातगोभी, फूलगोभी, खीरा, क्लस्टरबीन,	3.0
	टमाटर	0.5
	गाजर	0.2

पेस्टीसाइड	खाद्य पदार्थ	अधिकतम स्वीकार्य सांद्रता (मिग्रा./किग्रा.)
2. आर्गेनोफास्फेट कीटनाशी		
क्लोरपायरोफॉस	मिर्च तथा टमाटर	0.5
डाइमेथोएट	स्ट्राबेरी	1.0
फेनाइट्रोथियॉन	गेहूँ, धान	10.0
मेलाथियान	राई की भूसी तथा गेहूँ	20.0
फोरेट	जौ, लोबिया, बैंगन, अंगूर मक्का, आलू, ज्वार, सोयाबीन, चुकंदर, अंडा, मांस, तथा दूध	0.05
3. कार्बामेट कीटनाशी		
कार्बारिल	जानवरों तथा बकरियों का गोश्त	0.2
4. डाइथायोकार्बामेट कवकनाशी		
केप्टान	सेब, पियर्स	25.0
फर्बेम	आलू	0.1
मेनेब	गेहूँ	0.2
मेनकोजेब	सेम, गाजर, खीरा	0.5
प्रापिनेब	केला, चेरी, चौलाई, तरबूज	1.0
थीरम	सेब, पीच, पियर्स	3.0
जिनेब	स्ट्राबेरी तथा टमाटर	
जीरम	काली मिर्च, सेलेरी, अंगूर	5.0

विश्व स्वास्थ्य संघटन द्वारा स्वास्थ्य पर प्रभाव डालनेवाले कार्बनिक पदार्थों का दिशा निर्देश

क्र.सं.	अवयव	मात्रा (मि.ग्रा./ली.)
1.	एल्ड्रिन व डाइल्ड्रिन	0.00003
2.	बेंजीन, 1,2-डाईक्लोरोएथेन, पेंटाक्लोरोफिनाल, टेट्राक्लोरोएथेन व 2,4,6-ट्राईक्लोरोफिनाल	0.01
3.	बेंजो-पायरीन व हेक्साक्लोरोबेंजीन	0.00001
4.	कार्बन टेट्राक्लोराइड व लिंडेन	0.003
5.	क्लोरोफॉर्म	0.03
6.	2, 4, डी (क्लोरोफिनॉक्सी)	0.1
7.	डी.डी.टी.	0.001
8.	1, 1-डाईक्लोरोएथेन	0.0003
9.	हेप्टाक्लोर व हेप्टाक्लोर इपोक्साइड	0.0001
10.	मेथॉक्सीक्लोर	0.03

थार-मरुस्थलीय भू-जल की गुणवत्ता (प्रमुख अवयवों के आधार पर)

क्र. सं.	अवयव	पेयजल		मात्रा (मि.ग्रा./ली.)	
		सीमा (मि. ग्रा/लि.)	प्रतिशत	निम्नतम	अधिकतम
1.	कुल घुलनशील लवण	0-500	9	160	33,820
2.	क्लोराइड	0-250	26	14	13,640
3.	सल्फेट	0-250	59	शून्य	6,787
4.	फ्लोराइड	0-1.5	47	लेशमात्र	20
5.	नाइट्रेट	0.50	57	0.5	1,770
6.	कैल्सियम	0-200	90	2	1,945
7	मैग्नीशियम	0-150	88	2	2,818

फ्लोराइड से शरीर के विभिन्न अंगों पर पड़नेवाले दुष्प्रभाव

फ्लोराइड की मात्रा या खुराक (मिग्रा./प्रति लीटर)	माध्यम	प्रभाव
0.002	वायु	वनस्पति के लिए हानिप्रद
1.0	जल	दाँतों के खोखलेपन में कमी
2 और 2 से अधिक	जल	दाँतों का बदरंग पड़ना
8.0	जल	अस्थिरोग
20 से 80 प्रतिदिन या अधिक	जल और वायु	लँगड़ापन
50	भोजन और जल	थायरायड परिवर्तन
100	भोजन और जल	वृद्धि में अवरोध
125 से अधिक	भोजन और जल	गुर्दे में परिवर्तन
2.5 से 5 ग्राम	अत्यधिक खुराक	मृत्यु संभव

पेयजल के मानक

क्रं.सं.	विवरण (मि.ग्रा./लीटर)*	विश्व स्वास्थ्य संघटन 1962	विश्व स्वास्थ्य संघटन 1984 (दिशा निर्देश)	भारतीय आयुर्विज्ञान अनुसंधान परिषद् (1975)
1.	गँदलापन (JTU)		2.5	10.00
2.	रंग		5.0	25.0
3.	कुल घुलनशील लवण	500-1500	1000	500-1500**
4.	क्लोराइड	200-600	250	200-1000
5.	फ्लोराइड	0.8-1.5	1.5	1.0-1.5
6	कठोरता ($CaCO_3$)	–	500	300-600
7.	नाइट्रेट	10-45	45 (एन, 10)	20***
8.	सल्फेट	200-400	400	200-400
9.	पीएच (pH)	7.0-9.2	6.5-8.5	6.5-9.2

10. कोलीफार्म (एम.पी.एन. 100 मि.ली.)	1	3	10
11. ई. कोलाई (एम.पी.एन. 100 मि.ली.)	शून्य	शून्य	1

* पीएच छोड़कर ।

** 3,000 मि.ग्रा./ली. तक की छूट जहाँ जल स्रोत निकट उपलब्ध हो ।

*** 100 मि.ग्रा./ली. से अधिक नहीं होना चाहिए ।

प्रदूषण द्वारा जल में उपलब्ध अवयव व स्वास्थ्य पर उनका प्रभाव

क्र. स.	अवयव	प्रमुख स्रोत व कारण	मानक (मि. ग्रा./ली.)			सार्थकता व शरीर पर प्रभाव
			विश्व स्वास्थ्य संघटन 1962	1984	भारतीय आयुर्विज्ञान अनुसंधान परिषद् 1975	
1.	आर्सेनिक	औद्योगिक प्रदूषण	0.5	0.05	0.02	कैंसर
2.	बेरियम	कार्बोनेट के रूप में लवणीय जल में	1.0	—	—	हृदय, रक्त वाहिनियों व तंत्रिका तंत्र पर प्रभाव
3.	कैडमियम	विद्युत्-लेपन उद्योगों के विसर्जन से	0.01	0.005	—	वृक्क पर प्रभाव
4.	कॉपर		1.0–1.5	1.0	0.5–1.5	
5.	क्रोमियम	औद्योगिक अपशिष्ट	0.05	0.05	0.05	कैंसर
6.	सायनाइड	विद्युत्-लेपन अपशिष्ट	0.2	0.1	0.01	जैविक क्रियाओं व मृत्यु पर प्रभाव
7.	लोहा		0.1–0.5	0.3	0.1–1.0	रंग व गंदा स्वाद

8.	सीसा	औद्योगिक अपशिष्ट व मृदु जल की सीसे के पाइपों पर क्रिया से	0.05	0.05	0.01	सीसा विषाक्तता
9.	मैंगनीज		0.1–0.5	0.1	0.1–0.5	रंग व गंदा स्वाद
10.	पारा		—	0.001	—	यकृत व मस्तिष्क पर प्रभाव
11.	सेलेनियम	औद्योगिक प्रदूषण	0.01	0.01	0.05	कैंसर व दंत रोग
12.	चाँदी	औद्योगिक प्रदूषण	—	—		अर्जिया रोग (त्वचा व आँख रोग)
13.	जस्ता		5-15	5	5-15	
14.	फीनाली यौगिक (फीनाल के रूप में)	औद्योगिक प्रदूषण				
15.	ऐरोमैटिक हाइड्रो -कार्बन	औद्योगिक प्रदूषण	0.0002	—	—	कैंसर

थार-मरुस्थलीय भू-जल में प्रमुख रासायनिक अवयव और स्वास्थ्य पर उनका प्रभाव

क्र. सं.	अवयव	प्रमुख स्रोत और कारण	इष्टतम सीमा (मिग्रा. /ली)	सार्थकता व शरीर पर प्रभाव
1.	घुलनशील	मृदा में उपस्थित अकार्बनिक पदार्थों के विलयन से	500	अधिक मात्रा में दस्त व वमन
2.	क्लोराइड	मृदा और चट्टानों से	250	अधिक मात्रा जल को नमकीन बनाती व प्यास में वृद्धि करती है
3.	सल्फेट	मृदा और चट्टानों से	250	अधिक मात्रा में पानी में कड़वापन
4.	फ्लोराइड	चट्टानों से	1.5	1.0 मि.ग्रा./ली. तक स्वस्थ दाँतों के निर्माण में आवश्यक, 1.5 मि.ग्रा./ली. से अधिक मात्रा दाँतों और हड्डियों के के फ्लोरोसिस रोग

5.	नाइट्रेट	क्षयमान वनस्पति और उर्वरक आदि	50	50 मि.ग्रा./ली. से अधिक की मात्रा शिशुओं में नीलापन की बीमारी व 100 ग्रा. /लि. से अधिक मात्रा से मनुष्यों और पशुओं में ट्यूमर और कैंसर रोग
6.	क्षारीयता	घुलनशील चट्टानों में क्रिया द्वारा	150	जलदाय: पाइपों का क्षरण, अधिक क्षारता से खाद्यान्नों की उपज में कमी

पारिभाषिक शब्दावली

अनुपचारित मल-जल (Untreated Sewage) – कच्चा मल-जल, जिसे बिना साफ किए नदियों या समुद्रों में बहा दिया जाता है या फिर सीधे खेतों में बहने दिया जाता है। ऐसा करने से बीमारियों के फैलने का अंदेशा बना रहता है।

अपशिष्ट (Waste, Residue) – छीजन, रद्दी, कचरा, उत्सर्ग। किसी वस्तु का प्रयोग करने के बाद बचा हुआ त्याज्य अंश, जिसका उपयोग पुनः हो सकता है। यह प्रदूषण के लिए जिम्मेदार होता है। औद्योगिक अपशिष्ट, कृषीय अपशिष्ट, म्यूनिसिपल अपशिष्ट इत्यादि विविध प्रकार के अपशिष्ट हैं। यह ठोस तथा द्रव दोनों रूप में हो सकता है; यथा—कूड़ा-कचरा, मल-जल।

अम्ल वर्षा (Acid rain) – वायुमंडल में गंधक तथा नाइट्रोजन के ऑक्साइडों का अंततः सल्फ्यूरिक अम्ल तथा नाइट्रिक अम्ल में परिणत होकर वर्षा जल के साथ भूमि में पहुँचना। अम्ल वर्षा अम्लीय होती है। अम्ल वर्षा से मिट्टियों तथा वनों को काफी क्षति पहुँचती है।

अवमल (Sludge) -- वाहित मल-जल का ठोस अंश, जो प्रायः मल-जल में से नीचे बैठ जाता है। प्रायः इसे सुखाकर खाद के रूप में प्रयोग में लाते हैं। किंतु भारी धातुओं की अधिकता होने पर उपयोग नहीं करना चाहिए।

अवसाद (Sediment) – वह पदार्थ जो प्रायः तली में बैठ जाता है। प्रायः मिट्टी के सूक्ष्म कण, धूल, राख, गाद (सिल्ट)।

अवसादन (Sedimentation) – निलंबन में से गुरुत्वाकर्षण के फलस्वरूप नीचे बैठने से ठोस कणों का विलगाव।

इटाइ-इटाइ (Itai-Itai) – जल में कैडमियम की उपस्थिति से होनेवाला मनुष्यों का अस्थि रोग जिसकी पहचान सबसे पहले जापान में हुई।

ई. कोलाइ (E.Coli)—मल में पाए जानेवाले सूक्ष्मजीव। इनकी उपस्थिति प्रदूषण की सूचक है।

उर्वरक (Fertilizers)—मिट्टी को उर्वर बनानेवाले रासायनिक पदार्थ विशेषतया नाइट्रोजन, फास्फोरस तथा पोटैशियम के यौगिक। खादों से भिन्न।

ऊर्णन (Coagulation)—निलंबित कणों को रसायनों के द्वारा अवसादित करने की क्रिया। प्रायः एल्युमिनियम सल्फेट या फेरस सल्फेट का प्रयोग इस क्रिया के लिए किया जाता है।

औद्योगिक अपशिष्ट (Industrial waste)—विभिन्न उद्योगों से निकला कचरा। यह गैस, द्रव या ठोस किसी भी रूप में हो सकता है।

ऋणायन (Anion)—ऋण आवेश (चार्ज) से युक्त आयन; यथा—फ्लोराइड (F^-), नाइट्रेट (NO_3^-) आदि।

कठोरता (Hardness)—जल का वह गुण जिसके कारण साबुन के साथ झाग नहीं उठता। यह जल में घुले लवणों के कारण होता है।

कणाकार (Particle Size)—मिट्टी में विभिन्न आकारवाले कण; यथा—बालू, गाद, मृत्तिका।

कैंसरजनी (Carcinogenic)—कैंसर उत्पन्न करनेवाले कार्बनिक यौगिक या धातुएँ; जैसे डी.डी.टी., पी.सी.बी., कैडमियम, क्रोमियम, आर्सेनिक आदि।

कोलीफार्म (Coliform)—मल में रहनेवाले जीवाणु। जल में इनकी उपस्थिति यह बतलाती है कि जल में मल-जल आकर मिला है। निश्चित संख्या से अधिक होने पर जल स्नान तथा अन्य कार्यों के योग्य नहीं रह जाता।

क्लोरीनीकरण (Chlorination)—अशुद्ध जल को विसंक्रमित करने के लिए उसमें क्लोरीन गैस का प्रवाहित किया जाना।

क्षारीयता (Alkalinity)—क्षार की उपस्थिति जो उच्च पीएच द्वारा प्रदर्शित होती है। जल में चूना, सोडा आदि घुलने से क्षारीयता उत्पन्न होती है।

खारा पानी (Brine)—वह पानी जिसमें प्रति लीटर में एक लाख मिलीग्राम

से अधिक ठोस पदार्थ घुले हों। ऐसा पानी सिंचाई तथा पीने के लिए प्रयुक्त नहीं हो सकता।

गंगा कार्यान्वयन योजना (Ganga Action Plan) – 1986 में गंगा नदी को ऋषिकेश से लेकर कलकत्ता तक स्वच्छ बनाने के लिए उठाया गया कदम। इसके तहत हरिद्वार, कानपुर, इलाहाबाद तथा वाराणसी में अनेक छोटी-छोटी योजनाएँ चालू की गईं जिनसे गंगा की सफाई हुई है।

गँदलापन (Turbidity) – मटमैलापन। प्रायः जल में बालू के कण, गाद, चिकनी मिट्टी आदि निलंबित रहने से जल स्वच्छ नहीं रहता, उसके आर-पार सूर्य का प्रकाश नहीं जा सकता।

गाद (Silt) – मिट्टी के महीन कण जो भूमि अपरदन से प्राप्त होते हैं और जल-प्रवाह द्वारा एक स्थान से दूसरे स्थान तक ले जाए जाते हैं।

गाद भरना (Siltation) – गाद का जमा होना जिसके फलस्वरूप नदी-तट तथा बाँध उथले पड़ जाते हैं।

घरेलू अपशिष्ट (Household residues) – घरों के झाड़ने-बुहारने से निकले हुए व्यर्थ पदार्थ; यथा—रद्दी कागज, चिथड़े, फलों के छिलके, काँच के टुकड़े, टूटे जूते आदि।

जल (Water) – हाइड्रोजन तथा ऑक्सीजन के संयोग से बना रासायनिक यौगिक, H_2O। प्रकृति में प्राप्त जल में कुछ-न-कुछ अन्य तत्त्व मिले रहते हैं। पेयजल, स्वच्छ जल, व्यर्थ जल आदि जल के भेद जल के उपयोग के अनुसार हैं।

जल उपचार (Water treatment) – अशुद्ध या प्रदूषित जल को उपयोग में लाने योग्य बनाने के लिए किए जानेवाले उपाय।

जलकुंभी (Water Hyacinth) – तालाबों में उगनेवाली एक वनस्पति। इसकी अधिक वृद्धि से मछलियाँ मरने लगती हैं, किंतु भारी धातुओं को अवशोषित करने की इसमें क्षमता है।

जल की गुणवत्ता (Water quality) – जल के रंग, गंध, स्वाद आदि के मानकों का वर्णन।

जल प्रदूषण (Water Pollution) – जल में अधिक पदार्थ (या उष्मा) का

मिलाया जाना, जो मनुष्यों, पशुओं तथा जलीय जीवों के लिए हानिकर हो। गुणवत्ता का ह्रास।

जल विश्लेषक किट (Water Analysis Kit) – जल परीक्षण के लिए काम में लाया जानेवाला उपकरण, जिसे आसानी से इधर-उधर ले जाया जा सके।

जैव ऑक्सीजन माँग (Biological Oxygen Demand)—(संक्षेप BOD बी.ओ.डी.)—कार्बनिक पदार्थों का विघटन होने के लिए सूक्ष्मजीवों को जितनी ऑक्सीजन की आवश्यकता होती है। 20° से. ताप पर 5 दिनों तक विघटन से प्राप्त होनेवाला मान। अधिक मान अधिक प्रदूषण का सूचक। सामान्य स्तर 0.75-1.5 मि.ग्राम/लीटर है। (टिप्पणी– यह माप है—प्रदूषक नही)।

जैव सूचक (Bio-indicators) – कुछ पौधे भारी धातुओं की अधिक मात्रा अवशोषित करने पर भी अच्छी वृद्धि प्रदर्शित करते हैं, अतएव उनकी उपस्थिति से उन धातुओं की उपस्थिति का पता चल जाता है।

डिटरजेंट (Detergents) – बरतनों तथा कपड़ों को साफ करने के लिए प्रयुक्त विविध प्रकार के साबुन, पाउडर तथा बट्टियाँ। फास्फेटयुक्त होने के कारण मल-जल में सुपोषण के लिए जिम्मेदार।

धातु प्रदूषण (Metallic Pollution) – भारी धातु की उपस्थिति से उत्पन्न होनेवाला प्रदूषण। कुछ पशुओं तथा पौधों की धातुओं के प्रति संवेदनशीलता से इसका पता लगाया जा सकता है। अधिक प्रदूषण होने से मछलियाँ मरने लगती हैं।

धातु विषाक्तता (Metal toxicity) – धातुओं द्वारा उत्पन्न की गई विषाक्तता। प्रायः भारी धातुएँ वनस्पतियों, पशुओं तथा मनुष्यों पर विषाक्त प्रभाव दिखलाती हैं।

धोवन (Leachate) – भूमि भराव से होकर जब वर्षा जल गुजरता है तो यह अपने साथ विलेय पदार्थों को लेता हुआ भौम जल को प्रदूषित कर सकता है।

निलंबित अशुद्धियाँ (Suspended impurities) – जल प्रवाह में खर-पतवार, रद्दी वस्तुओं, मिट्टी के कण आदि का उपस्थित होना। घुली

हुई अशुद्धियों से भिन्न। इन अशुद्धियों से जल के रंग तथा स्वाद में अंतर आता है और सूर्य का प्रकाश अधिक गहराई तक नहीं पहुँच पाता।

पर्यावरण (Environment) – हमारे चारों ओर का परिवेश जिसमें भूमि, जल, वायु, वृक्ष, पशु, पक्षी सभी सम्मिलित हैं। पर्यावरण स्वच्छ तथा प्रदूषित दोनों ही रूपों में पाया जाता है।

पारिस्थितिक तंत्र (Ecosystem) – वह तंत्र जिसमें वातावरण तथा जीवों के समुदाय एक दूसरे को प्रभावित करते रहते हैं।

पेय जल (Potable water) – पीने योग्य जल। इसे स्वादमय तथा गंधरहित होना चाहिए। भौम जल तथा नदी जल पेय रहे हैं, किंतु अब वे प्रदूषित होते जा रहे हैं।

पेस्टीसाइड (Pesticide) – कीटनाशी, कवकनाशी, शाकनाशी आदि के लिए प्रयुक्त होनेवाला पारिभाषिक शब्द। फसलों की सुरक्षा के लिए प्रयुक्त होनेवाले रासायनिक या प्राकृतिक पदार्थ। अधिक मात्रा में प्रयुक्त होने पर पर्यावरणीय प्रदूषण में सहायक।

प्रदूषक (Pollutant) – पर्यावरण को प्रदूषित करनेवाले पदार्थ। द्रव, ठोस या गैसीय पदार्थ जिसकी अधिक मात्रा पर्यावरण को प्रदूषित करती है।

प्रदूषण (Pollution) – सामान्यतया गंदगी का सूचक शब्द। पर्यावरण में किसी एक या अनेक अवयवों का असंतुलन, जिससे सामान्य जीवन में बाधा पहुँचे। जल प्रदूषण, वायु प्रदूषण, ध्वनि प्रदूषण आदि विविध प्रकारों में प्राप्त। स्थिर बिंदु या विस्तृत प्रदूषण जैसे अन्य प्रकार भी ज्ञात।

प्रदूषित जल (Polluted water) – मटमैले, बदरंग, दुर्गंध एवं बुरे स्वादवाला जल।

फ्लोरोसिस (Fluorosis) – जल में फ्लोराइड की अधिक मात्रा से उत्पन्न होनेवाला रोग। इससे दाँत खराब हो जाते हैं।

बहिःस्राव (Effluent) – उद्योगों से निकला हुआ व्यर्थ जल जिसमें अनेक प्रकार के कार्बनिक/अकार्बनिक यौगिक घुले रह सकते हैं। इसका

निस्तारण प्रायः भूमि या नदियों, समुद्रों या झीलों में किया जाता है।

बिंदु स्रोत (Point source) – प्रदूषण के ऐसे स्रोत जो सीमित क्षेत्र से प्राप्त हों ; यथा—म्यूनिसिपल तथा औद्योगिक व्यर्थ जल।

भारी धातुएँ (Heavy metals) – पाँच या इससे अधिक घनत्ववाली धातुएँ। परमाणु क्रमांक 20 से ऊपरवाले तत्त्व। अल्प मात्रा में होने पर लेश तत्त्व कहलाते हैं। कैडमियम, क्रोमियम, लेड आदि मुख्य भारी धातुएँ हैं। ये विषैली होती हैं। प्रायः औद्योगिक बहिःस्रावों में उपस्थित। जल तथा स्थल के अतिरिक्त वायु को भी प्रदूषित करने में इनकी प्रमुख भूमिका रहती है।

भूमि क्षरण (Soil erosion) – वायु तथा जल के प्रभाव से भूमि की ऊपरी सतह का बह जाना। भूमि क्षरण से उर्वरता में ह्रास आता है।

भौम जल (Ground water) – विभिन्न गहराइयों पर मिट्टी के नीचे पाया जानेवाला जल। इसे कुआँ या ट्यूबवेल (नलकूप) द्वारा ऊपर निकालकर पीने तथा सिंचाई के काम में लाया जाता है।

मल-जल (Sewage) – वह जल जिसमें मल मिला हो। यह मल पशुओं तथा मनुष्यों दोनों ही का हो सकता है। शहरी पनालों में मल-जल ही बहता है। इसे वाहित मल-जल भी कहते हैं। इसका उपयोग सिंचाई के लिए होता है। प्रायः नदियों तथा जलाशयों को प्रदूषित करने के लिए जिम्मेदार।

मल-निपटान (Fecal disposal) – मल को ठिकाने लगाना। प्रायः नदियों, झीलों या समुद्रों में मल का बहाया जाना। सेप्टिक टैंक, सीवर आदि मल निपटान के सही तरीके हैं।

मानीटरन (Monitoring) – समय-समय पर जल या वायु में प्रदूषण की मात्रा का पता लगाते रहना।

मिनिमाता रोग (Minimata) – पारा विषाक्तता से मछलियों का मरना। यह घटना सर्वप्रथम जापान की मिनिमाता खाड़ी में घटी, इसलिए यह नाम पड़ा।

मेटहीमोग्लोबैनीमिया (Methaemoglobanemia) – अधिक नाइट्रेट-

युक्त जल पीने से उत्पन्न रोग, जिसे साइनोसिस या बच्चों का नीला रोग भी कहते हैं।

मृदु जल (Soft water) – 50 पी.पी.एम. से कम कठोरतावाला जल। ऐसे जल में साबुन झाग देता है। कठोर जल का उलटा।

रासायनिक अपशिष्ट (Chemical wastes) – रासायनिक उद्योगों से निकलनेवाला अपशिष्ट । उर्वरक उद्योग, दवाएँ, पेस्टीसाइड, धातु-कर्म ऐसे अपशिष्टों के मुख्य स्रोत हैं।

रासायनिक ऑक्सीजन माँग (Chemical Oxygen Demand) – (संक्षेप COD सी.ओ.डी.)—कार्बनिक पदार्थों के पूरी तरह से विघटित होने के लिए आवश्यक ऑक्सीजन की मात्रा। इसकी इकाई मिग्रा./ली. है। इसका मान BOD से प्रायः अधिक होता है।

रोगजनक (Pathogenic) – रोग फैलानेवाले। जल में रहनेवाले तमाम जीवाणु, कवक आदि रोगजनक होते हैं।

लवणीय जल (Saline water) – वह जल जिसमें घुले हुए ठोसों की मात्रा 10,000 मिग्रा./ली. से अधिक हो। ऐसा जल पीने तथा सिंचाई के लिए व्यर्थ होता है। भौम जल 1,000 मिग्रा./ली. लवण होने पर लवणीय माना जाता है।

वाहित मल-जल (Sewage) – देखें मल-जल।

विकिरण चिकित्सात्मक प्रदूषण (Radiological Pollution) – जल में विविध रेडियो-एक्टिव तत्त्वों या विकिरणों की उपस्थिति से उत्पन्न होनेवाला जलीय प्रदूषण।

विलयित ऑक्सीजन (Dissolved Oxygen – संक्षेप (D.O.) डी. ओ.)—जल में विलयित ऑक्सीजन। इसकी मात्रा 5 मिग्रा./ली. से कम नहीं होनी चाहिए अन्यथा जलीय प्राणियों पर, विशेषतया मछलियों पर बुरा प्रभाव पड़ता है।

विलवणीकरण (Desaltation) – जल में से विलयित लवणों की मात्रा को 500-1,000 पी.पी.एम. परास में लाना।

विसंक्रमण (Disinfection) – जल में उपस्थित सभी प्रकार के घातक

जीवाणुओं का हनन; यथा—क्लोरीनीकरण द्वारा।

विस्तृत स्रोत (Non-point Source)–विस्तृत क्षेत्र से प्राप्त होनेवाले प्रदूषक। यथा–मृदा क्षरण से प्राप्त, वर्षा जल के साथ बहकर आनेवाले उर्वरक, पेस्टीसाइड आदि।

विषाक्तता (Toxicity)–विष की उपस्थिति से उत्पन्न स्थिति। जल में कार्बनिक अथवा अकार्बनिक यौगिकों की उपस्थिति से उत्पन्न बुरा प्रभाव।

विषैले यौगिक (Toxic Compounds)–आर्सेनिक, कैडमियम, पारद, सीसा आदि के यौगिक जो जीव-जंतुओं के लिए विषैले होते हैं।

व्यर्थ जल (Waste water)–ऐसा जल जो घरेलू या औद्योगिक उपयोगों के बाद आगे काम में लाने लायक नहीं रह जाता। व्यर्थ जल की अनेक कोटियाँ संभव हैं।

संक्रमण (Infection)–मल से प्रदूषित जल के प्रयोग से अनेक रोगों के होने की संभावना ।

संदूषण (Contamination)–जल में सूक्ष्मजीवों या रसायनों का प्रवेश।

संदूषित जल (Contaminated water)–मानव या पशु अपशिष्टों के मिल जाने से जल में रोगोत्पादकता उत्पन्न होती है; जिससे संदूषित जल व्यवहार में नहीं लाया जा सकता।

सार्वत्रिक विलायक (Universal Solvent)–सभी प्रकार की वस्तुओं को अपने में विलयित करनेवाला द्रव। प्रायः जल को ही सार्वत्रिक विलायक कहा जाता है।

सुधारक (Reclaiming agent)–क्षारीय या अम्लीय मिट्टियों को खेती योग्य बनाने के लिए उनमें डाले जानेवाले यौगिक; यथा—चूना तथा जिप्सम।

सुपोषण (Eutrophication)–उच्च जैविक उत्पादकता जो झीलों या जलाशयों में नाइट्रेट तथा फास्फेट की उच्च मात्रा होने से उत्पन्न होती है।

सूक्ष्मजीवाणु (Microorganisms)–अत्यंत छोटे प्राणी जिन्हें सूक्ष्मदर्शी

द्वारा ही देखा जा सकता है; यथा—ई. कोलाइ।

सूक्ष्म-मात्रिक तत्त्व (Micronutrients या Trace elements) – मिट्टी में अत्यल्प मात्रा में पाए जानेवाले तत्त्व; यथा—कॉपर, जिंक, मालिब्डिनम आदि।

सूचक पौधे (Indicator plants) – ऐसे पौधे जो किसी धातु के संदूषण को बताने में समर्थ हों; यथा—धान की बालों से कैडमियम का पता लगाया जा सकता है। विभिन्न काइयाँ इसी श्रेणी में आती हैं।

स्कंदन—देखें ऊर्णन।

स्वच्छ जल (Clean water) – सभी प्रकार के संदूषणों से मुक्त जल जो मानव के लिए उपयोगी है।

स्वीकार्यता (Acceptability) – जल की ग्राह्यता रंग, गंध, कठोरता जैसे गुणों पर निर्भर करती है।

हरितगृह गैसें (Greenhouse gases) – कार्बन डाइऑक्साइड, मीथेन आदि गैसें जिनसे वायुमंडल का ताप बढ़ता है। हरितगृह प्रभाव के लिए जिम्मेदार गैसें।

□□□